Photoshop CC 2018
淘宝美工标准培训教程

数字艺术教育研究室　编著

U0299836

人民邮电出版社

北　京

图书在版编目（CIP）数据

Photoshop CC 2018淘宝美工标准培训教程 / 数字艺术教育研究室编著. -- 北京：人民邮电出版社，2019.7
ISBN 978-7-115-50701-3

Ⅰ．①P… Ⅱ．①数… Ⅲ．①图象处理软件－教材
Ⅳ．①TP391.413

中国版本图书馆CIP数据核字(2019)第033531号

内 容 提 要

　　本书全面系统地介绍了 Photoshop CC 在淘宝美工中的使用方法和设计技巧，包括初识淘宝美工、认识 Photoshop、淘宝图片的裁剪与抠取、淘宝图片的调色与修饰、淘宝商品文字的制作、淘宝图片的合成与特效、网店首页各模块的设计、网店首页整体设计、商品详情页面各模块设计、商品详情页面整体设计等内容。

　　全书主要采用案例的形式对知识点进行讲解，读者学习本书，不但能掌握各个知识点，而且能掌握案例的制作方法，做到"学以致用"。

　　本书附带学习资源，内容包括书中所有案例的素材及效果文件，读者可通过在线方式获取这些资源，具体方法请参看本书前言。

　　本书适合作为相关院校和培训机构数字媒体艺术类专业课程的教材，也可作为相关人员的参考用书。

　◆ 编　　著　数字艺术教育研究室
　　　责任编辑　张丹丹
　　　责任印制　马振武

　◆ 人民邮电出版社出版发行　　北京市丰台区成寿寺路 11 号
　　　邮编　100164　电子邮件　315@ptpress.com.cn
　　　网址　http://www.ptpress.com.cn
　　　三河市君旺印务有限公司印刷

　◆ 开本：700×1000　1/16
　　　印张：13.25　　　　　　　　　　　2019 年 7 月第 1 版
　　　字数：319 千字　　　　　　　2025 年 1 月河北第 6 次印刷

定价：59.80 元
读者服务热线：(010)81055410　印装质量热线：(010)81055316
反盗版热线：(010)81055315
广告经营许可证：京东市监广登字 20170147 号

前　言

Photoshop是由Adobe公司开发的图形图像处理和编辑软件，它功能强大、易学易用，深受图形图像处理爱好者和淘宝美工设计人员的喜爱，已经成为这一领域非常流行的软件。目前，我国很多院校和培训机构的数字媒体艺术类专业，都将Photoshop列为一门重要的专业课程。为了帮助相关院校和培训机构的教师全面、系统地讲授这门课程，使学习者能够熟练地使用Photoshop进行创意设计，几位长期在院校和培训机构从事Photoshop教学的教师与专业淘宝美工设计公司经验丰富的设计师合作，共同编写了本书。

本书根据职业院校教师和学生的实际需求，以淘宝美工设计的典型应用为主线，通过多个精彩实用的案例，全面细致地讲解了如何利用Photoshop来完成专业的淘宝美工设计项目。全书详细讲解了运用Photoshop制作案例的流程和技法，并在此过程中融入实践经验以及相关知识，使读者能够在掌握软件功能和制作技巧的基础上，产生设计灵感，开拓设计思路，提高设计能力。

本书附带学习资源，内容包括书中所有案例的素材及效果文件。读者在学完本书内容以后，可以调用这些资源进行深入练习。这些学习资源文件均可在线下载，扫描"资源获取"二维码，关注我们的微信公众号，即可得到资源文件获取方式。另外，购买本书作为授课教材的教师也可以通过该方式获得教师专享资源，其中包括教学大纲、备课教案、教学PPT，以及课堂案例和课后习题的教学视频等相关教学资源包。如需资源获取技术支持，请致函szys@ptpress.com.cn。同时，读者可以扫描"在线视频"二维码观看本书所有案例视频。本书的参考学时为58学时，其中实训环节为20学时，各章的参考学时请参见下面的学时分配表。

资源获取

在线视频

章　节	课程内容	学时分配	
		讲　授	实　训
第1章	初识淘宝美工	1	
第2章	认识Photoshop	3	
第3章	淘宝图片的裁剪与抠取	4	2
第4章	淘宝图片的调色与修饰	4	2
第5章	淘宝商品文字的制作	4	2
第6章	淘宝图片的合成与特效	4	2
第7章	网店首页各模块的设计	4	2

章 节	课程内容	学时分配	
		讲 授	实 训
第8章	网店首页整体设计	6	4
第9章	商品详情页面各模块设计	2	2
第10章	商品详情页面整体设计	6	4
学 时 总 计		38	20

由于编者水平有限，书中难免存在错误和不妥之处，敬请广大读者批评指正。

编 者

2019年3月

目　录

资源与支持

本书由数艺社出品，"数艺社"社区平台（www.shuyishe.com）为您提供后续服务。

学习资源

所有案例的素材、效果文件和在线视频

教师专享资源

教学大纲

备课教案

教学PPT

教学视频

资源获取请扫码

"数艺社"社区平台，为艺术设计从业者提供专业的教育产品。

与我们联系

我们的联系邮箱是 szys@ptpress.com.cn。如果您对本书有任何疑问或建议，请您发邮件给我们，并请在邮件标题中注明本书书名及ISBN，以便我们更高效地做出反馈。

如果您有兴趣出版图书、录制教学课程，或者参与技术审校等工作，可以发邮件给我们；有意出版图书的作者也可以到"数艺社"社区平台在线投稿（直接访问 www.shuyishe.com 即可），如果学校、培训机构或企业想批量购买本书或数艺社出版的其他图书，也可以发邮件给我们。

如果您在网上发现针对数艺社出品图书的各种形式的盗版行为，包括对图书全部或部分内容的非授权传播，请您将怀疑有侵权行为的链接通过邮件发给我们。您的这一举动是对作者权益的保护，也是我们持续为您提供有价值的内容的动力之源。

关于数艺社

人民邮电出版社有限公司旗下品牌"数艺社"，专注于专业艺术设计类图书出版，为艺术设计从业者提供专业的图书、U书、课程等教育产品。领域涉及平面、三维、影视、摄影与后期等数字艺术门类；字体设计、品牌设计、色彩设计等设计理论与应用门类；UI设计、电商设计、新媒体设计、游戏设计、交互设计、原型设计等互联网设计门类；环艺设计手绘、插画设计手绘、工业设计手绘等设计手绘门类。更多服务请访问"数艺社"社区平台www.shuyishe.com。我们将提供及时、准确、专业的学习服务。

第 *1* 章

初识淘宝美工

本章介绍

　　本章将主要介绍高品质的网店照片对卖家的重要性以及网店照片的基本特征和要求。学习本章内容，有助于卖家提升网店的整体视觉效果与商品的销量。

学习目标

◆ 了解淘宝美工的定义。

◆ 掌握淘宝美工的工作内容。

◆ 了解淘宝美工的重要性。

◆ 了解网店装修及照片后期处理的意义。

◆ 掌握网店装修尺寸及图片格式。

1.1　淘宝美工概述

1.1.1　淘宝美工的定义

如今电商发展迅速，随之也涌现出许多淘宝美工设计的工作岗位。淘宝美工是淘宝店铺网站页面编辑美化工作者的统称，作用就是帮助店铺增加点击率，提高销售额。

作为一名淘宝美工，需要具备扎实的美术功底和出色的审美能力，对网页布局和色彩搭配要有独特的见解，还要熟练掌握Photoshop、Dreamweaver等设计类软件，擅长产品摄影、模特摄影。除了具备这些技能，淘宝美工还要具备良好的沟通能力和理解力，明白客户的需求与意图。要想成为一个优异的美工，还要具备良好的营销思维，在作图的时候，一定要清晰地知道图片传递出去的是什么信息，能否打动顾客。

1.1.2　淘宝美工的工作内容

淘宝美工主要负责淘宝店铺的装修设计以及产品图片的美化。通常大一些的网店，美工做的事情都比较细化，其工作内容包括店铺LOGO、店招、促销海报、产品主图、产品列表排版等的设计，以及产品照片的美化处理，还要负责把产品照片制作成宝贝描述中需要的图片，以及首页、产品详情页面的装修设计。小的网店美工可能还要负责产品摄影、宝贝描述的制作，甚至宝贝上下架等工作。

1.1.3　淘宝美工的重要性

通常店铺中的产品只能以平面的形式通过屏幕展现给顾客，那么如何非常好地体现出产品的卖点，让顾客看到产品图后眼前一亮，愿意点击进入店铺浏览，并且流连忘返，激发出购买欲望，这就要靠淘宝美工了。如果店铺里的产品很有优势，美工可以通过图像、文字、颜色搭配表现出产品的独特性，以最佳的方式将产品的价值信息传递给顾客。但如果店铺里的产品属于家家都在卖的大众商品，就需要通过美工的精心设计来体现出商品优于别家店铺的地方了。还有为了增加店铺的点击率，设计一个能够准确指向潜在客户需求的促销海报图片，也是需要美工来完成的。因此，淘宝美工的作用非常重要，可以说，淘宝美工是一个淘宝店铺的核心，影响着整个店铺的销量。

1.2　网店装修及产品图片后期美化的意义

所谓"三分长相七分打扮"，一个网店的好坏，在某种程度上取决于店铺的装修。一个装修精美恰当的店铺可以给顾客带来美感，增加顾客在店铺里的停留时间，顾客浏览网页时不易疲劳，自然会细心察看网店页面。而且想要让自己店铺里的产品在众多的产品中脱颖而出、卖得红火，除了价格实惠、产品质量过关外，产品图片足够漂亮也是吸引顾客眼球的关键。由于网购时顾客看不到产品的实物，只能通过卖家放在网店上的产品图片和说明文字对产品进行了解，因此，对于卖家来说，一幅具有视觉冲击力的高品质产品图片不仅可以提升产品销量，同时还能够提升店铺的整体视觉效果。反过来，如果随意上传没有用心准备和精心设计的产品图片则很难吸引顾客的关注，会导致自己在众多的卖家中失去应有的竞争力。所以，网店装修和产品图片美化的重要性不言而喻，图1-1所示是三幅高品质的商品图片。

图1-1

1.2.1 吸引顾客关注

第一印象在淘宝上至关重要，在众多的网店产品中，通过优化主图使自己的产品及时被发现，才能吸引顾客点击浏览并进入店铺。就像商店的橱窗，当顾客路过店面时，如果对店面产生好感并加以关注，就会走到店里来。同理，在网店中，顾客通过搜索对自己所需要的商品进行筛选。这时候，一张美观的产品图片能使顾客产生"一见钟情"的好感，吸引顾客关注，从而点击进入店铺查看商品的详细信息。

1.2.2 树立网店品牌形象

让买家从视觉上和心理上感觉到店主对店铺的用心，最大限度地提升店铺的形象，有利于树立网店品牌形象，提高浏览量。

1.2.3 获得顾客信任

在淘宝经营，要想让自己的店铺获得顾客信赖，图片除了要做得清晰漂亮，完美地展现出商品的各种性能外形外，色彩一定不能失真。另外在装修的时候为店铺打上自己的品牌、招牌、LOGO标识等，能够显示出店主的诚意，让顾客信任地购买我们的商品。

1.2.4 提升商品销量

好的商品照片会给买家带来一种愉快的购买体验，在提升产品销量的同时也会引起供货商的重视，从而得到更好的服务和更优惠的进货条件。

1.3 网店装修尺寸及图片格式

照片的大小、格式和像素是图像品质的重要组成部分，其像素越多，分辨率越高，照片尺寸就越大，画质就越高，图像的细节表现得就越充分，但淘宝等电商平台对照片的像素和文件大小都有一定的要求，因为这些直接影响到网页中图片的质量和网页浏览率。以淘宝为例，店铺装修中各模块图片的尺寸及具体要求如表1-1所示。

表1-1

图片名称	尺寸要求	文件大小	支持图片格式
店标	宽度80像素×高度80像素	小于80KB	GIF、JPG、JPEG、PNG
店铺招牌	宽度950像素×高度120像素	小于120KB	GIF、JPG、JPEG、PNG
导航条	宽度950像素×高度30像素	不限	GIF、JPG、JPEG
全屏海报	宽度1920像素×（高度自定义）	无明确规定	GIF、JPG、JPEG
宝贝主图	宽度800像素×高度800像素	小于500KB	GIF、JPG、JPEG
宝贝描述	宽度750像素×（高度自定义）	建议小于50KB	GIF、JPG、JPEG
旺旺头像	宽度120像素×高度120像素	小于100KB	GIF、JPG、JPEG、PNG
页尾	宽度950像素×（高度自定义）		
详情页	宽度750像素×（高度自定义）		
公告模块	宽度750像素×（高度自定义）		

1.4　课后习题

1.淘宝美工的主要工作内容有哪些？

2.淘宝美工的重要性是什么？

第 2 章

认识Photoshop

本章介绍

　　本章介绍Photoshop软件的相关知识和基本操作方法。通过本章的学习，可以对Photoshop的多种功能有一个大体的了解，有助于在处理商品图像的过程中快速定位，并完成图像的处理。

学习目标

◆ 了解Photoshop软件及其功能。

◆ 熟练掌握软件的工作界面和基本操作。

◆ 了解图层，掌握图层的基本操作方法。

2.1 Photoshop简介

Photoshop是由Adobe公司开发的图形图像处理和编辑软件。它功能强大，易学易用，是专业设计人员的首选软件之一，也是网店装修时最常用的一个专业设计软件。

2.2 功能介绍

Photoshop具有强大的图像编辑和修饰功能，其核心内容包括抠图，图像的修饰、调色、合成等功能。编辑和修饰图像是图像处理的基础，可以对图像进行缩放、旋转、斜切、翻转、透视、变形等基本操作，也可以对图像进行复制、删除、去除斑点、修补、修饰图像的残损等操作，以便去除人像上不满意的部分，并进行美化加工，得到让人满意的效果。图像合成则是将几张图片通过图层操作、工具应用合成为完整的、传达明确意义的图像。Photoshop提供的绘图工具让外来图像与创意很好地融合，可以使图像的合成天衣无缝。校色、调色是Photoshop中深具威力的功能之一，可方便快捷地对图像的颜色进行明暗、色调的调整和校正。

2.3 界面介绍

Photoshop的工作界面主要由"菜单栏""属性栏""工具箱""控制面板"和"状态栏"组成，如图2-1所示。

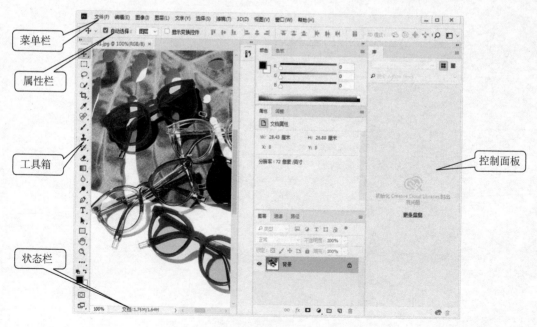

图2-1

1．菜单栏

菜单栏中共包含11个菜单命令。利用菜单命令可以对图片进行编辑、调整色彩、添加滤镜效果等操作。

2．属性栏

属性栏是工具箱中各个工具的功能扩展。通过在属性栏中设置不同的选项，可以快速地完成多样化的操作。

3．工具箱

工具箱中包含了多个工具。利用不同的工具可以完成对图像的绘制、观察、测量等操作。

4．控制面板

控制面板是Photoshop的重要组成部分。通过不同的功能面板，可以在图像中完成填充颜色、设置图层、添加样式等操作。

5．状态栏

状态栏可以提供当前文件的显示比例、文档大小、当前工具、暂存盘大小等信息。

2.4 基础操作

2.4.1 新建图像

新建图像是使用Photoshop CC进行设计的第一步。如果要在一个空白的图像上绘图，就要在Photoshop CC中新建一个图像文件。

选择“文件 > 新建”命令，或按Ctrl+N组合键，弹出“新建文档”对话框，如图2-2所示。

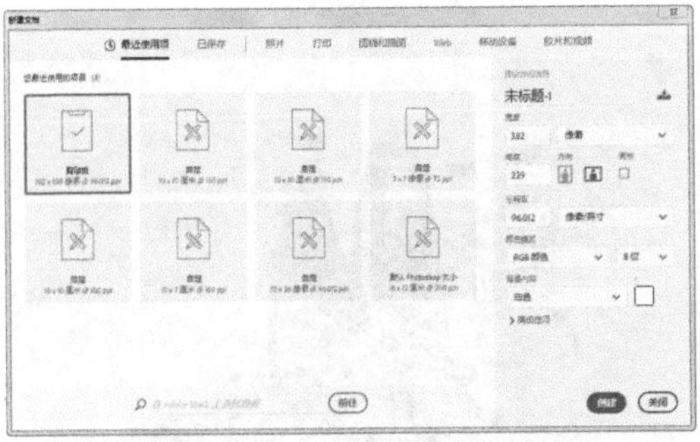

图2-2

根据需要单击上方的类别选项卡，选择需要的预设新建文档；或在右侧的选项中修改图像的名称、宽度和高度、分辨率和颜色模式等预设数值新建文档，单击图像名称右侧的按钮，新建文档预设。设置完成后单击“创建”按钮，即可完成新建图像，如图2-3所示。

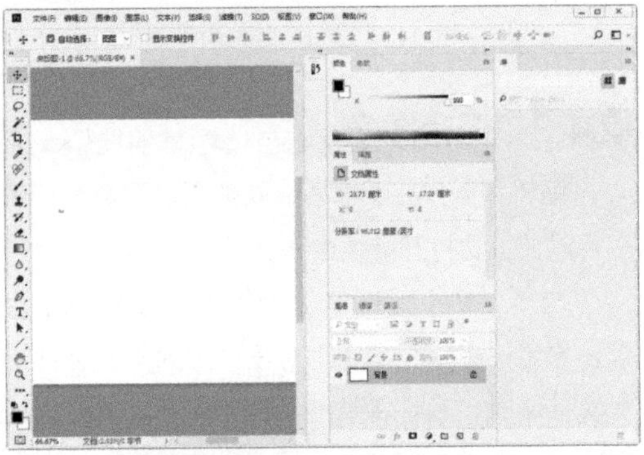

图2-3

2.4.2 打开图像

打开图像是使用Photoshop CC对原有图片进行修改的第一步。

选择“文件 > 打开”命令，或按Ctrl+O组合键，或直接在Photoshop界面中双击鼠标左键，弹出“打开”对话框，如图2-4所示。在对话框中指定路径和文件，确认文件类型和名称，通过Photoshop提供的预览缩略图选择文件，然后单击“打开”按钮，或直接双击文件名，即可打开指定的图像文件，如图2-5所示。

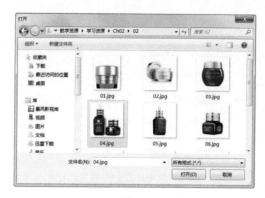

图2-4

图2-5

2.4.3 保存图像

编辑和制作完图像后，就需要对图像进行保存，以便下次打开继续操作。

选择"文件 > 存储"命令，或按Ctrl+S组合键，启用"存储"命令，对设计好的作品进行第一次存储时，系统将弹出"另存为"对话框，如图2-6所示。在对话框中，输入文件名并选择文件格式，单击"保存"按钮，即可将图像保存。

图2-6

2.4.4 关闭图像

将图像保存好后，就可以关闭图像。

选择"文件 > 关闭"命令，或按Ctrl+W组合键，或单击图像窗口右上方的"关闭"按钮 ✕ ，即可关闭图像。关闭图像时，若当前文件被修改过或是新建的文件，则系统会弹出一个提示框，如图2-7所示，询问用户是否进行保存，若单击"是"按钮则保存图像。

图2-7

如果要将打开的图像全部关闭，可以选择"文件 > 关闭全部"命令。

2.4.5 缩放图像

1. 100%显示图像

100%显示图像，如图2-8所示，在此状态下可以对文件进行精确的编辑。

图2-8

2. 放大图像

放大显示图像有利于观察图像的局部细节并更准确地编辑图像。放大显示图像，有以下两种方法。

（1）使用"缩放"工具🔍：打开一张图片，选择工具箱中的"缩放"工具🔍，图像中的鼠标光标变为放大工具图标⊕，每单击一次鼠标，图像就会比原图放大一倍，例如图像以100%的比例显示在屏幕上，在图像窗口中单击，则变成200%，如图2-9所示；再单击一次，则变成300%，如图2-10所示。

图2-9

图2-10

要放大一个指定的区域时，先选择放大工具⊕，在图像中适当的位置单击并按住鼠标不放，向右下角拖曳鼠标，使画出的矩形框圈选住所需的区域，如图2-11所示，然后松开鼠标左键，这个区域就会放大显示并填满图像窗口，如图2-12所示。

图2-11

图2-12

（2）使用快捷键：按Ctrl+＋组合键，可逐次地放大图像。

3. 缩小图像

缩小显示，可以使图像缩小显示。既可以用有限的屏幕空间显示出更多的图像，也可以看到一个较大图像的全貌。缩小显示图像，有以下两种方法。

（1）使用"缩放"工具🔍：选择工具箱中的"缩放"工具🔍，图像中光标变为放大工具图标⊕，按住Alt键，光标变为缩小工具图标⊖，每单击一次鼠标，图像将缩小显示一级。例如图像放大显示在屏幕上，如图2-13所示，按住Alt键的同时，在图像窗口中连续单击，可逐次缩小显示图像，如图2-14所示。

图2-13

图2-14

也可以在"缩放"工具属性栏中单击缩小工具按钮，如图2-15所示，则鼠标光标变为缩小工具图标，每单击一次鼠标，图像将缩小显示一级。

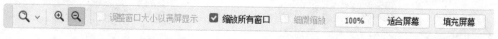

图2-15

（2）使用快捷键：按Ctrl+—组合键，可逐次地缩小图像。

4．全屏显示图像

如果要将图像的窗口放大填满整个屏幕，可以在缩放工具的属性栏中单击"适合屏幕"按钮，再勾选"调整窗口大小以满屏显示"选项，如图2-16所示。这样在放大图像时，窗口就会和屏幕的尺寸相适应。单击"100%"按钮 100%，图像将以实际像素比例显示。单击"填充屏幕"按钮，缩放图像以适合屏幕。

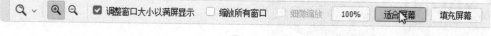

图2-16

2.4.6 抓手工具

为了观察图片的细节，需要将图片进行放大显示。但是放大后图像窗口无法将图片完整显示出来，这时使用抓手工具，就可以观察到图片各个区域的细节。

打开一张图片并将其放大显示。选择"抓手"工具，在图像中鼠标光标变为图标，如图2-17所示，在图像中向左拖曳鼠标，可以观察图像的未显示部分，如图2-18所示。

图2-17

图2-18

2.4.7　调整图像大小

淘宝中图片上传所要求的图像大小最大的不能超过3MB，有的只能在200KB以内，而用专业数码相机拍摄出来的原始图片都很大，因此就需要对图片的大小进行调整，改变图片的分辨率。

打开一张图片，选择"图像 > 图像大小"命令，弹出"图像大小"对话框，如图2-19所示。

图2-19

图像大小：通过改变"宽度""高度"和"分辨率"选项的数值，改变图像大小，图像的尺寸也相应改变。

缩放样式 ：勾选此选项后，若在图像操作中添加了图层样式，则可以在调整大小时自动缩放样式大小。

尺寸：指沿图像的宽度和高度的总像素数，单击尺寸右侧的按钮 ，可以改变计量单位。

调整为：指选取预设以调整图像大小。

约束比例 ：单击"宽度"和"高度"选项左侧出现锁链标志 ，表示改变其中一项设置时，两项会成比例地同时改变。

分辨率：指位图图像中的细节精细度，计量单位是像素/英寸，每英寸的像素越多，分辨率越高。

重新采样：勾选此复选框，然后修改图像的"宽度""高度"或分辨率，可以按比例调整图像的像素数量，如图2-20所示。当降低图像的大小时，就会减少像素总量，此时图像虽然变小了，但画质不变。

图2-20

在"图像大小"对话框中可以改变选项数值的计量单位，在选项右侧的下拉列表中进行选择，如图2-21所示。单击"调整为"右侧选项，在弹出的下拉菜单中选择"自动分辨率"命令，弹出"自动分辨率"对话框，系统将自动调整图像的分辨率和品质效果，如图2-22所示。

图2-21

图2-22

2.4.8 设置绘图颜色

在Photoshop中，可以根据设计和绘图的需要设置多种不同的颜色。

1. 使用"拾色器"对话框设置颜色

单击工具箱中的"设置前景色/设置背景色"图标，弹出"拾色器"对话框，如图2-23所示。

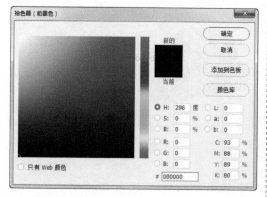

图2-23

左侧的颜色选择区：可以选择颜色的明度和饱和度，垂直方向表示的是明度的变化，水平方向表示的是饱和度的变化。

中间的颜色色带：单击或拖曳两侧的三角形滑块，可以使颜色的色相产生变化。

右侧上方的颜色框：显示所选择的颜色，下方是所选颜色的HSB、RGB、CMYK和Lab值，选择好颜色后，单击"确定"按钮，所选择的颜色将变为工具箱中的前景或背景色。

右侧下方的数值框：可以输入HSB、RGB、CMYK、Lab的颜色值，以得到希望的颜色。

只有Web颜色：勾选此复选框，颜色选择区中出现供网页使用的颜色，如图2-24所示，在右侧的数值框 # 000000 中，显示的是网页颜色的数值。

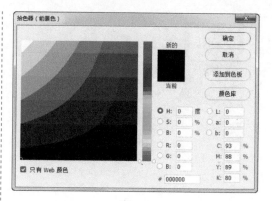

图2-24

在"拾色器"对话框中单击 颜色库 按钮，弹出"颜色库"对话框，如图2-25所示。在对话框中，"色库"下拉菜单中是一些常用的印刷颜色体系，如图2-26所示，其中"TRUMATCH"是为印刷设计提供服务的印刷颜色体系。

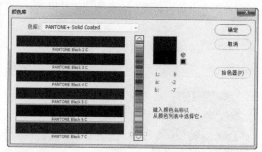

图2-25

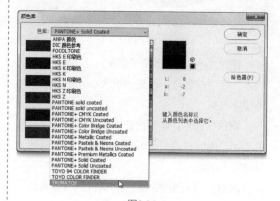

图2-26

在"颜色库"对话框中，单击或拖曳颜色色相区域内两侧的三角形滑块，可以使颜色的色相产生变化，在颜色选择区中选择带有编码的颜色，在对话框的右侧上方颜色框中会显示出所选择的颜色，右侧下方是所选择颜色的色值。

2. 使用"颜色"控制面板设置颜色

选择"窗口 > 颜色"命令，弹出"颜色"控制面板，如图2-27所示，可以改变前景色和背景色。

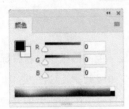

图2-27

单击左侧的设置前景色或设置背景色图标■，确定所调整的是前景还是背景色，拖曳三角滑块或在色带中选择所需的颜色，或直接在颜色的数值框中输入数值调整颜色。

单击"颜色"控制面板右上方的≡图标，弹出下拉命令菜单，如图2-28所示，此菜单用于设定"颜色"控制面板中显示的颜色模式，可以在不同的颜色模式中调整颜色。

图2-28

3. 使用"色板"控制面板设置颜色

选择"窗口 > 色板"命令，弹出"色板"控制面板，如图2-29所示，可以选取一种颜色来改变前景色或背景色。单击"色板"控制面

板右上方的≡图标，弹出下拉命令菜单，如图2-30所示。

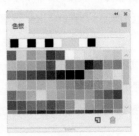

图2-29

图2-30

新建色板：用于新建一个色板。

小型缩览图：可使控制面板显示最小型图标。

小/大缩览图：可使控制面板显示为小/大图标。

小大列表：可使控制面板显示为小V大列表。

显示最近颜色：可显示最近使用的颜色。

预设管理器：用于对色板中的颜色进行管理。

复位色板：用于恢复系统的初始设置状态。

载入色板：用于向"色板"控制面板中增加色板文件。

存储色板：用于将当前"色板"控制面板中的色板文件存入硬盘。

存储色板以供交换：用于将当前"色板"控制面板中的色板文件存入硬盘并供交换使用。

替换色板：用于替换"色板"控制面板中现有的色板文件。

"ANPA颜色"选项以下都是配置的颜色库。

在"色板"控制面板中，将光标移到空白处，光标变为油漆桶，如图2-31所示，此时单击鼠标，弹出"色板名称"对话框，如图2-32所示，单击"确定"按钮，即可将当前的前景色添加到"色板"控制面板中，如图2-33所示。

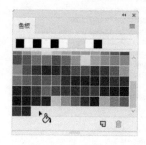

图2-31

图2-32

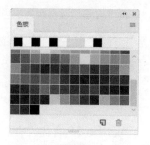

图2-33

在"色板"控制面板中，将鼠标光标移到色标上，光标变为吸管，如图2-34所示，此时单击鼠标，将设置吸取的颜色为前景色，如图2-35所示。

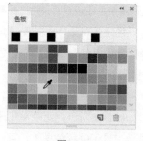

图2-34　　　　图2-35

2.4.9　恢复操作应用

在绘制和编辑图像的过程中，可能会错误地执行一个步骤或对制作的一系列效果不满意。当希望恢复到前一步或原来的图像效果时，可以使用恢复操作命令。

1. 恢复到上一步的操作

在编辑图像的过程中可以随时将操作返回到上一步，也可以还原图像到恢复前的效果。选择"编辑 > 还原"命令，或按Ctrl+Z组合键，可以恢复到图像的上一步操作。如果想还原图像到恢复前的效果，再次按Ctrl+Z组合键即可。

2. 恢复到操作过程的任意步骤

在绘制和编辑图像的过程中，有时需要将操作恢复到某一个阶段。"历史记录"控制面板可以将进行过多次处理操作的图像恢复到任意一步操作前的状态，即所谓的"多次恢复功能"。系统默认值为恢复20次及20次以内的所有操作，但如果计算机的内存足够大，还可以将此值设置得更大一些。

选择"窗口 > 历史记录"命令，弹出"历史记录"控制面板，如图2-36所示。单击控制面板右上方的 ≡ 图标，弹出面板菜单，如图2-37所示。

图2-36

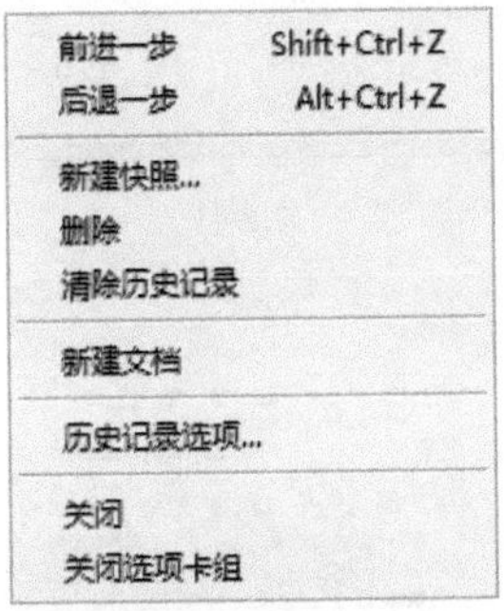

图2-37

在控制面板中应用快照可以恢复被清除的历史记录。单击记录过程中的任意一个操作步骤，图像就会恢复到该画面的效果。默认状态下，当选择中间的操作步骤后对图像进行新的操作，那么原来中间操作步骤后的所有记录步骤都会被删除。

选择面板菜单中的"前进一步"命令或按Shift+Ctrl+Z组合键，可以向下移动一个操作步骤；选择"后退一步"命令或按Alt+Ctrl+Z组合键，可以向上移动一个操作步骤。

控制面板下方的按钮从左至右依次为"从当前状态创建新文档"按钮 、"创建新快照"按钮 和"删除当前状态"按钮 。

单击"创建新快照"按钮 ，可以将当前的图像保存为新快照。在"历史记录"控制面板中的历史记录被清除后新快照可以对图像进行恢复。

单击"从当前状态创建新文档"按钮 ，可以为当前状态的图像或快照复制一个新的图像文件。

单击"删除当前状态"按钮 ，可以对当前状态的图像或快照进行删除。

2.5 了解图层

图层可以使用户在不影响图像中其他图像的情况下处理某一指定的图像元素。

2.5.1 新建图层

新建图层，有以下3种方法。

（1）使用"图层"控制面板弹出式菜单：打开一个文件，单击"图层"控制面板右上方的 ≡ 图标，在弹出式菜单中选择"新建图层"命令，系统将弹出"新建图层"对话框，如图2-38所示。

图2-38

"名称"选项用于设定新图层的名称，可以选择与前一图层编组。"颜色"选项可以设定新图层的颜色。"模式"选项用于设定当前层的合成模式。"不透明度"选项用于设定当前层的不透明度值。

单击"确定"按钮，生成新的图层"图层1"，如图2-39所示。

图2-39

（2）使用"图层"控制面板按钮或快捷键：单击"图层"控制面板中的"创建新图层"按钮 ⬚，可以创建一个新图层。按住Alt键，单击"图层"控制面板中的"创建新图层"按钮 ⬚，系统将弹出"新建图层"对话框。

（3）使用菜单"图层"命令或快捷键：选择"图层 > 新建 > 图层"命令，系统将弹出"新建图层"对话框。按Shift+Ctrl+N组合键，系统也可以弹出"新建图层"对话框。

2.5.2 复制图层

复制图层，有以下4种方法。

（1）使用"图层"控制面板弹出式菜单：选中需要的图层，如图2-40所示。单击"图层"控制面板右上方的 ≣ 图标，在弹出式菜单中选择"复制图层"命令，系统将弹出"复制图层"对话框，如图2-41所示。其中，"为"选项用于设定复制层的名称，"文档"选项用于设定复制层的文件来源。单击"确定"按钮，生成新的图层"图层1拷贝"，如图2-42所示。

图2-40

图2-41

图2-42

（2）使用"图层"控制面板按钮：将"图层"控制面板中需要复制的图层拖曳到下方的"创建新图层"按钮 ⬚ 上，可以将所选的图层复制为一个新图层。

（3）使用"图层"菜单命令：选择"图层 > 复制图层"命令，系统将弹出"复制图层"对话框。

（4）使用鼠标拖曳的方法复制不同图像之间的图层：打开目标图像和需要复制的图像，将需要复制图像的图层拖曳到目标图像的图层中，图层复制完成。

2.5.3 删除图层

删除图层，有以下4种方法。

（1）使用"图层"控制面板弹出式菜单：选中需要的图层。单击图层控制面板右上方的≡图标，在弹出式菜单中选择"删除图层"命令，系统将弹出提示对话框，如图2-43所示。单击"是"按钮，删除不需要的图层，"图层"控制面板如图2-44所示。

图2-43

图2-44

（2）使用"图层"控制面板按钮：选中需要删除的图层。单击"图层"控制面板中的"删除图层"按钮🗑，系统将弹出提示对话框，单击"是"按钮，即可删除图层；也可以将需要删除的图层拖曳到"删除图层"按钮🗑上进行删除。

（3）使用"图层"菜单命令：选中需要删除的图层。选择"图层 > 删除 > 图层"命令，系统将弹出提示对话框，单击"是"按钮，即可删除

图层。

（4）选择"图层 > 删除 > 隐藏图层"命令，系统将弹出提示对话框，单击"是"按钮，可以将隐藏的图层删除。

2.5.4 图层的显示

显示图层，有以下两种方法。

（1）使用"图层"控制面板图标：单击"图层"控制面板中任意图层左侧的眼睛图标👁，可以隐藏或显示这个图层。

例如，在"图层"控制面板中，单击"耳坠"图层左侧的眼睛图标👁，图标变为空白图标▢，如图2-45所示，此时"耳坠"图层被隐藏，图像效果如图2-46所示。再次单击"耳坠"图层左侧的空白图标▢，图标恢复成眼睛图标👁，显示出该图层，图像效果如图2-47所示。

图2-45

图2-46

图2-47

（2）使用快捷键：按住Alt键的同时，单击"图层"控制面板中任意图层左侧的眼睛图标 ⊙，此时，"图层"控制面板中只显示这个图层，其他图层被隐藏；再次单击"图层"控制面板中的这个图层左侧的眼睛图标 ⊙，将显示全部图层。

2.5.5　图层的选择

选择图层，有以下两种方法。

（1）使用鼠标左键：单击"图层"控制面板中的任意一个图层，可以选择这个图层，被选中的图层可以单独进行任意操作。

例如，在"图层"控制面板中单击"人物"图层，可以选择"人物"图层，如图2-48所示。选择"移动"工具 ⊕，在图像窗口中就可以任意移动人物的位置，而其他图层不变，效果如图2-49所示。

图2-48

图2-49

（2）使用鼠标右键：选择"移动"工具 ⊕，用鼠标右键单击窗口中的图像，弹出一组供选择的图层选项菜单，选择所需要的图层即可。

例如，在图像窗口中"耳坠"的位置单击鼠标右键，在弹出的菜单中选择"耳坠"命令，如图2-50所示。此时，在"图层"控制面板中，"耳坠"图层被选中，如图2-51所示。

图2-50

图2-51

2.5.6 图层的链接

按住Ctrl键的同时，连续单击选择多个要链接的图层，单击"图层"控制面板下方的"链接图层"按钮 ∞，图层中显示出链接图标 ∞，表示已将所选图层链接。图层链接后，将成为一组，对一个链接图层进行操作时，将会影响一组链接图层。再次单击"图层"控制面板中的"链接图层"按钮 ∞，表示取消链接图层。

在"图层"控制面板中，按住Ctrl键的同时，选择"文字""耳坠"和"边框"图层，如图2-52所示，单击"图层"控制面板下方的"链接图层"按钮 ∞，链接图层，如图2-53所示。再次单击"链接图层"按钮 ∞，可取消链接。

图2-52

图2-53

2.5.7 图层的排列

排列图层，有以下3种方法。

（1）使用鼠标拖放：单击"图层"控制面板

中的任意图层并按住鼠标左键，拖曳鼠标可将其调整到其他图层的上方或下方；背景图层不能随意移动，可以将其转换为普通图层后再移动。

例如，在"图层"控制面板中，选中"耳坠"图层，如图2-54所示，图像效果如图2-55所示。将"耳坠"图层组拖曳到"人物"图层的下方，如图2-56所示，图像效果如图2-57所示。

图2-54

图2-55

图2-56

图2-57

（2）使用"图层"菜单命令：选择"图层 > 排列"命令，弹出"排列"命令的子菜单，选择其中的排列方式即可。

（3）使用快捷键：按Ctrl+［组合键，可以将当前层向下移动一层。按Ctrl+］组合键，可以将当前层向上移动一层。按Shift+Ctrl+［组合键，可以将当前层移动到全部图层的底层。按Shift+Ctrl+］组合键，可以将当前层移动到全部图层的顶层。

2.5.8　新建图层组

当编辑多层图像时，为了方便操作，可以将多个图层建立在一个图层组中。

新建图层组，有以下3种方法。

（1）使用"图层"控制面板弹出式菜单：单击"图层"控制面板右上方的 ≡ 图标，弹出其下拉命令菜单，在弹出式菜单中选择"新建组"命令，弹出"新建组"对话框，如图2-58所示。

在对话框中，"名称"选项用于设定新图层组的名称；"颜色"选项用于选择新图层组在控制面板上的显示颜色；"模式"选项用于设定当前层的合成模式；"不透明度"选项用于设定当前层的不透明度值。单击"确定"按钮，建立如图2-59所示的图层组，也就是"组1"。

（2）使用"图层"控制面板按钮：单击"图层"控制面板中的"创建新组"按钮 ▢，将新建一个图层组。

（3）使用"图层"菜单命令：选择"图层 > 新建 > 组"命令，弹出"新建组"对话框，如图2-58所示；单击"确定"按钮，建立图2-59所示的图层组。

图2-58

图2-59

在"图层"控制面板中，可以按照需要的级次关系新建图层组和图层。

在"图层"控制面板中，按住Ctrl键的同时，选择"文字""人物"和"耳坠"图层，如图2-60所示。将所选图层拖曳到"组1"图层组，并将"组1"图层组重命名为"图片和文字"，如图2-61所示。

图2-60

图2-61

2.5.9 合并图层

在编辑图像的过程中，可以将图层进行合并。

"向下合并"命令用于向下合并一层。单击"图层"控制面板右上方的≡图标，在弹出的下拉命令菜单中选择"向下合并"命令，或按Ctrl+E组合键即可。

"合并可见图层"命令用于合并所有可见图层。单击"图层"控制面板右上方的≡图标，在弹出的下拉命令菜单中选择"合并可见图层"命令，或按Shift+Ctrl+E组合键即可。

"拼合图像"命令用于合并所有的图层。单击"图层"控制面板右上方的≡图标，在弹出的下拉命令菜单中选择"拼合图像"命令，也可选择"图层 > 拼合图像"命令。

在"图层"控制面板中，按住Ctrl键的同时，选择"图层1拷贝"和"边框"图层，如图2-62所示。选择"图层 > 合并图层"命令，或按Ctrl+E组合键，合并图层并将其命名为"边框"，如图2-63所示。

图2-62

图2-63

2.6 课后习题

1.在Photoshop中常用的界面操作有哪些？

2.图层的操作技巧有哪些？

第 3 章

淘宝图片的裁剪与抠取

本章介绍

　　本章将主要介绍使用Photoshop对商品图片进行裁剪和抠图的操作方法。通过对本章的学习，读者可以学会快速地裁剪图片和提取需要的商品图像内容。

学习目标

◆ 掌握使用裁剪工具裁剪图片和矫正图片角度的方法。

◆ 掌握规则形状的抠图方法和技巧。

◆ 掌握单色背景的抠图方法和技巧。

◆ 熟练掌握复杂背景的抠图方法和技巧。

◆ 掌握精细背景的抠图方法和技巧。

◆ 熟练掌握头发的抠图方法和技巧。

◆ 掌握半透明商品的抠图方法。

3.1 裁剪图片

在处理商品图片的过程中，有时拍摄的商品图片的构图不能突出商品主体，就需要将商品图片重新裁剪构图，以取得满意的商品图片效果。

3.1.1 图片的裁剪

单击"裁剪"工具 ，其属性栏状态如图3-1所示。

图3-1

在裁剪工具属性栏中，单击 比例 按钮，系统将弹出下拉菜单，可以选择预设长宽比和裁剪尺寸； 选项用来设定裁剪框的长宽比； 可以切换高度和宽度的数值； 用于清除所有设定； 可以通过在图像上画一条线来拉直该图像； 可以设置裁剪工具的叠加选项； 可以设置其他裁剪选项。

【案例知识要点】使用裁剪工具裁剪照片突出商品，效果如图3-2所示。

【素材所在位置】学习资源/Ch03/素材/图片的裁剪/01。

【效果所在位置】学习资源/Ch03/效果/图片的裁剪.psd。

图3-2

（1）按Ctrl＋O组合键，打开学习资源中的"Ch03 > 素材 > 图片的裁剪 > 01"文件，如图3-3所示。图片中，工作桌面比较杂乱，主体并不突出。

图3-3

（2）选择"裁剪"工具 ，或按C键，在图像中单击并按住鼠标左键，拖曳一个裁切区域，松开鼠标，绘制出矩形裁剪框，如图3-4所示。在矩形裁剪框内双击鼠标左键或按Enter键，即可完成图像的裁剪，效果如图3-5所示。

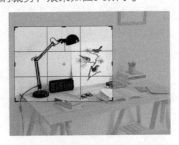

图3-4

图3-5

设计思路

利用裁剪工具将灯具放在黄金分割点上，裁剪后，图片所表现的主题思想更明确，构图更美观。

3.1.2 矫正倾斜的照片

在拍摄商品的过程中，由于拍摄的角度等问题，可能会造成最终拍出来的图片中商品倾斜，可以利用裁剪工具将其矫正。

【案例知识要点】使用裁剪工具矫正倾斜的照片，效果如图3-6所示。

【素材所在位置】学习资源/Ch03/素材/矫正倾斜的照片/01。

【效果所在位置】学习资源/Ch03/效果/矫正倾斜的照片.psd。

图3-6

（1）按Ctrl＋O组合键，打开学习资源中的"Ch03＞素材＞矫正倾斜的照片＞01"文件，如图3-7所示。选择"裁剪"工具 ，或按C键，在图像中单击并按住鼠标左键，拖曳一个裁切区域，松开鼠标，绘制出矩形裁剪框，效果如图3-8所示。

图3-7

图3-8

（2）将鼠标光标放在裁剪框的右上角，光标会变为双向箭头图标 ，单击并按住鼠标左键拖曳控制手柄，可以调整裁剪框的大小，效果如图3-9所示。

图3-9

（3）将光标放在裁剪框角的控制手柄外边，光标会变为旋转图标 ，单击并按住鼠标左键旋转裁剪框，效果如图3-10所示。

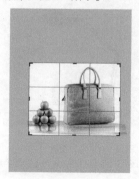

图3-10

（4）在矩形裁剪框内双击鼠标左键或按Enter键，即可完成图像的裁剪，效果如图3-11所示。矫正倾斜的照片完成。

图3-11

🔍 **设计思路**

　　利用裁剪工具将倾斜的包矫正，在不影响主体的情况下将多余图像裁掉，能够让商品图片更美观，突出商品主体。

3.2 抠取图像

　　在处理商品图片的过程中，经常需要将商品主体或其他需要的部分从图片中精确地提取出来，我们将这一过程称为"抠图"。抠图是后期处理图像的重要基础。

3.2.1 规则形状抠图

　　针对规则形状选区可以使用"矩形"选框工具抠取，从而快速地将商品图片提取出来。

　　单击"矩形选框"工具 ⬚，或反复按Shift+M组合键，其属性栏状态如图3-12所示。

图3-12

　　在"矩形选框"工具属性栏中，▣▫▫▫ 为选择选区方式选项。

　　新选区 ▫：去除旧选区，绘制新选区。

　　添加到选区 ▫：在原有选区的上面增加新的选区。

　　从选区减去 ▫：在原有选区上减去新选区的部分。

　　与选区交叉 ▫：选择新旧选区重叠的部分。

　　羽化：用于设定选区边界的羽化程度。

　　消除锯齿：用于清除选区边缘的锯齿。

　　样式：用于选择类型。

　　【案例知识要点】使用矩形选框工具抠出商品，效果如图3-13所示。

　　【素材所在位置】学习资源/Ch03/素材/规则形状抠图/01。

　　【效果所在位置】学习资源/Ch03/效果/规则形状抠图.psd。

图3-13

　　（1）按Ctrl＋O组合键，打开学习资源中的"Ch03 > 素材 > 规则形状抠图 > 01"文件，如图3-14所示。选择"矩形选框"工具 ⬚，在图像中需要抠取的主体商品处按住鼠标左键，拖曳鼠标绘制出需要的选区，松开鼠标左键，矩形选区绘制完成，如图3-15所示。

图3-14

图3-15

（2）选择"编辑＞拷贝"命令或按Ctrl＋C组合键复制选区中的图像。按Ctrl＋N组合键，在弹出的"新建文档"对话框中进行设置，如图3-16所示。

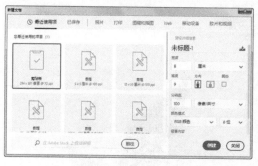

图3-16

（3）单击"创建"按钮，新建画布如图3-17所示。在新建画布中，选择"编辑 ＞ 粘贴"命令或按Ctrl＋V组合键粘贴复制的图像，矩形选区抠图完成，如图3-18所示。规则形状抠图完成。

图3-17

图3-18

3.2.2　单色背景抠图

魔棒工具可以用来选取图像中的某一点，并将与这一点颜色相同或相近的点自动融入选区中。选择"魔棒"工具 ，或按W键，其属性栏状态如图3-19所示。

图3-19

在魔棒工具属性栏中， 为选择方式选项。

取样大小：用于设置取样范围的大小。

容差：用于控制色彩的范围，数值越大，可容许的颜色范围越大。

连续：用于选择单独的色彩范围。

对所有图层取样：用于将所有可见层中颜色容许范围内的色彩加入选区。

【案例知识要点】使用魔棒工具抠出单色背景的商品，效果如图3-20所示。

【素材所在位置】学习资源/Ch03/素材/单色背景抠图/01。

【效果所在位置】学习资源/Ch03/效果/单色背景抠图.psd。

图3-20

（1）按Ctrl＋O组合键，打开学习资源中的"Ch03 > 素材 > 单色背景抠图 > 01"文件，如图3-21所示。选择"魔棒"工具 ，在属性栏中将"容差"选项设为50，如图3-22所示。在图像的蓝色背景区域单击鼠标左键建立选区，如图3-23所示。选择"选择 > 反选"命令或按Shift+Ctrl+I组合键，将选区反向选择，如图3-24所示。

图3-21

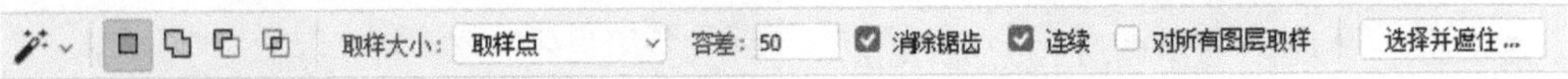

图3-22

图3-23 　　　　　图3-24

（2）选择"编辑 > 拷贝"命令或按Ctrl＋C组合键复制选区中的图像。按Ctrl＋N组合键，在弹出的"新建文档"对话框中进行设置，如图3-25所示。

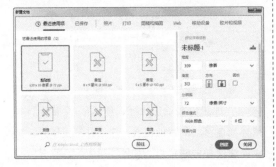
图3-25

（3）单击"创建"按钮，新建画布如图3-26所示。在新建画布中，选择"编辑 > 粘贴"命令或按Ctrl＋V组合键粘贴复制的图像，单色背景抠图完成，如图3-27所示。

图3-26

图3-27

3.2.3 复杂背景抠图

有时商品图片中商品主体的边界复杂或与背景颜色相似，这时可以使用钢笔工具绘制选区，更为精确地提取出需要的商品图片。

选择"钢笔"工具 ⌀.，或反复按Shift+P组合键，其属性栏状态如图3-28所示。

图3-28

[路径 ∨]：用于选择创建路径形状、创建工作路径或填充区域。[选区...]：使用钢笔绘制闭合路径后，单击"选区"按钮，可以载入路径中的选区。[蒙版]：使用钢笔绘制闭合路径后，单击"蒙版"按钮，可以将绘制的闭合路径转换为矢量蒙版。[形状]：使用钢笔绘制闭合路径后，单击"形状"按钮，可以将绘制的闭合路径转换为形状，在"图层"控制面板中自动生成形状图层。[⬚ ⬚ ⬚]：用于设置路径的运算方式、对齐方式和排列方式。[⚙.]：勾选下拉面板中的"橡皮带"复选框，在绘制路径时可显示要创建的路径段，从而判断出路径的走向。

按住Shift键，创建锚点时，会强迫系统以45°角或45°角的倍数绘制路径；按住Alt键，当鼠标光标移到锚点上时，光标暂时由"钢笔"工具图标↘转换成"转换点"工具图标↖；按住Ctrl键，鼠标光标暂时由"钢笔"工具图标↘转换成"直接选择"工具图标↖。

建立一个新的图像文件，选择"钢笔"工具 ⌀.，在属性栏的"选择工具模式"选项中选择"路径"，这样使用"钢笔"工具绘制的将是路径；如果在属性栏的"选择工具模式"选项中选择"形状"，将绘制出形状图层；如果在属性栏的"选择工具模式"选项中选择"像素"，将绘制出填充区域。勾选"自动添加/删除"复选框，可直接利用钢笔工具在路径上单击添加锚点，或单击路径上已有的锚点来删除锚点。

绘制线条的方法如下。在图像中任意位置单击鼠标左键，将创建出第1个锚点，将鼠标光标移动到其他位置再单击鼠标左键，则创建第2个锚点，两个锚点之间自动以直线连接，如图3-29所示。再将鼠标光标移动到其他位置并单击鼠标左键，出现了第3个锚点，系统将在第2个和第3个锚点之间生成一条新的直线路径，如图3-30所示。

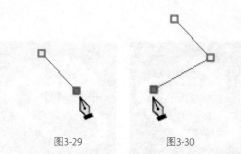

图3-29   图3-30

将鼠标光标移至第2个锚点上，会发现现在光标由"钢笔"工具图标↘转换成了"删除锚点"工具图标↘，如图3-31所示。在锚点上单击鼠标左键，即可将第2个锚点删除，效果如图3-32所示。

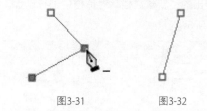

图3-31   图3-32

绘制曲线的方法如下：使用"钢笔"工具 ⌀.在任意位置单击鼠标，创建第1个锚点，将鼠标光标移动到其他位置，单击并拖曳鼠标，建立曲线段和曲线锚点，如图3-33所示。松开鼠标左键，按住Alt键的同时，单击刚建立的曲线锚点，如图3-34所示，将其转换为直线锚点，在其他位置再次单击建立下一个新的锚点，即可在曲线段后绘制出直线段，如图3-35所示。

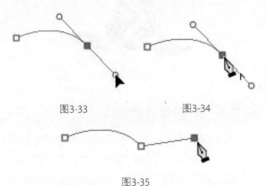

图3-33　　　　　　图3-34

图3-35

【案例知识要点】使用钢笔工具抠出复杂背景的商品，效果如图3-36所示。

【素材所在位置】学习资源/Ch03/素材/复杂背景抠图/01。

【效果所在位置】学习资源/Ch03/效果/复杂背景抠图.psd。

图3-36

（1）按Ctrl＋O组合键，打开学习资源中的"Ch03 > 素材 > 复杂背景抠图 > 01"文件，如图3-37所示。

图3-37

（2）选择"钢笔"工具 ，沿着产品边缘单击生成锚点，如图3-38所示。继续沿着吸尘器边缘绘制闭合路径，如图3-39所示。

图3-38

图3-39

（3）单击属性栏中的 按钮，在弹出的菜单中选择"排除重叠形状"，在图像窗口中绘制路径，如图3-40所示。在创建的闭合路径中单击鼠标右键，在弹出的菜单中选择"建立选区"选项，或按Ctrl＋Enter组合键，将路径转化为选区，如图3-41所示。

图3-40

图3-41

（4）选择"编辑 > 拷贝"命令或按Ctrl＋C组合键复制选区中的图像。按Ctrl＋N组合键，在弹出的"新建文档"对话框中进行设置，如图3-42所示。

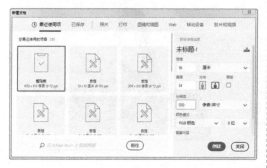

图3-42

（5）单击"创建"按钮，新建画布如图3-43所示。在新建画布中，选择"编辑 > 粘贴"命令或按Ctrl＋V组合键粘贴复制的图像，复杂背景抠图完成，如图3-44所示。

图3-43

图3-44

3.2.4　精细背景抠图

在拍摄的商品图片中，商品与背景的颜色区域不同，可以使用"色彩范围"命令进行抠图，这样可以避免使用"钢笔"工具抠取复杂边缘图片的耗时问题。"色彩范围"命令可根据图像的颜色范围创建选区。

选择"选择 > 色彩范围"命令，弹出"色彩范围"对话框，如图3-45所示。

图 3-45

【案例知识要点】使用色彩范围命令抠出精细背景的商品，效果如图3-46所示。

【素材所在位置】学习资源/Ch03/素材/精细背景抠图/01。

【效果所在位置】学习资源/Ch03/效果/精细背景抠图.psd。

图3-46

（1）按Ctrl＋O组合键，打开学习资源中的"Ch03 > 素材 > 精细背景抠图 > 01"文件，如图3-47所示。

图3-47

（2）选择"选择 > 色彩范围"命令，弹出"色彩范围"对话框，如图3-48所示。鼠标光标变为吸管图标，勾选"反相"复选框，在图像中的背景处单击鼠标左键，"色彩范围"对话框如图3-49所示，预览图中白色部分代表了被选择的区域。

（3）在"色彩范围"对话框中将"颜色容差"选项设为70，预览图中白色部分增多，如图3-50所示。单击"确定"按钮，在图像中生成选区，如图3-51所示。

图3-49

图3-48

图3-50

图3-51

（4）按Ctrl+J组合键，将选区中的图像复制到新图层中生成"图层1"图层，如图3-52所示。单击"背景"图层左侧的眼睛图标 ⊙，将"背景"图层隐藏，如图3-53所示。精细背景抠图完成，效果如图3-54所示。

图3-52

图3-53

图3-54

3.2.5 头发抠图

为了更好地展示商品，模特展示必不可少，一般的抠图方法不适用于抠取复杂的模特头发，可以使用"调整边缘"命令来抠取需要的内容。

绘制一个选区。选择"选择 > 选择遮住"命令，进入编辑界面，工具箱和属性栏如图3-55和图3-56所示。同时弹出"属性"控制面板，如图3-57所示。

图3-55　　　　　　图3-56

可以选择不同的视图模式来观察选区。

可以调整选区边缘的边界大小。值越大，效果越柔和。

可以对选区进行细化调整。

可以净化选区边缘的杂色，设置选区输出形式。

图3-57

【案例知识要点】使用钢笔工具和选择并遮住命令抠出头发，效果如图3-58所示。

【素材所在位置】学习资源/Ch03/素材/头发抠图/01。

【效果所在位置】学习资源/Ch03/效果/头发抠图.psd。

图3-58

（1）按Ctrl+O组合键，打开学习资源中的"Ch03 > 素材 > 头发抠图 > 01"文件，如图3-59所示。图片中细碎的头发较多，使用"调整边缘"命令能够快速、准确地将头发抠出。

图3-59

（2）将"背景"图层拖曳到"图层"控制面板下方的"创建新图层"按钮 ◻ 上进行复制，生成新的图层"背景 拷贝"。单击"背景"图层左侧的眼睛图标 ◉ ，将"背景"图层隐藏。选择"钢笔"工具 ⌀ ，在图像窗口中绘制路径，如图3-60所示。按Ctrl+Enter组合键，将路径转换为选区，如图3-61所示。

图3-60

图3-61

（3）选择"选择 > 选择并遮住"命令，进入编辑界面，在"属性"面板中将"视图模式"选项选为"叠加"，其他选项的设置如图3-62所示。选择"调整边缘画笔"工具 ✔ ，在属性栏中将"大小"选项设为125，如图3-63所示。在人物图像中涂抹头发部分，如图3-64所示。

图3-62

图3-63

图3-64

（4）在"属性"面板中将"输出到"选项设为"图层蒙版"，单击"确定"按钮，图像效果如图3-65所示。在"图层"控制面板中生成图层蒙版，如图3-66所示。头发抠图完成。

图3-65

图3-66

3.2.6 半透明商品的抠图

在商品图片中如果主体与背景对比较大，可以使用通道控制面板来抠取商品。

【案例知识要点】使用通道控制面板和曲线命令抠出半透明商品，效果如图3-67所示。

【素材所在位置】学习资源/Ch03/素材/半透明商品的抠图/01。

【效果所在位置】学习资源/Ch03/效果/半透明商品的抠图.psd。

图3-67

（1）按Ctrl＋O组合键，打开学习资源中的"Ch03 > 素材 > 半透明商品的抠图 > 01"文件，如图3-68所示。选择"通道"控制面板，选择"蓝"通道，拖曳到控制面板下方的"创建新通道"按钮 上进行复制，生成"蓝 拷贝"通道，如图3-69所示。按Ctrl+I组合键，对"蓝 拷贝"通

道进行反相操作，图像效果如图3-70所示。

图3-68

图3-69

图3-70

（2）选择"图像 > 调整 > 曲线"命令，在弹出的对话框中进行设置，如图3-71所示，单击"确定"按钮，效果如图3-72所示。

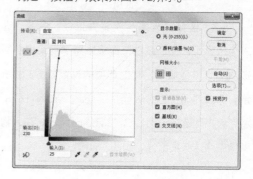

图3-71

图3-72

图3-74

（3）按住Ctrl键的同时，单击"蓝 拷贝"通道的缩览图，图像周围生成选区，如图3-73所示。选中"RGB"通道，返回到"图层"控制面板，图像效果如图3-74所示。

（4）按Ctrl+J组合键，将选区中的图像复制到新图层并将其命名为"纱巾"。单击"背景"图层左侧的眼睛图标◉，将"背景"图层隐藏，图像效果如图3-75所示。半透明商品的抠图完成。

图3-73

图3-75

3.3　课后习题1——抠出沙发

【习题知识要点】使用钢笔工具勾勒商品主体轮廓，如图3-76所示。

【素材所在位置】学习资源/Ch03/素材/课后习题1/01。

【效果所在位置】学习资源/Ch03/效果/课后习题1.psd。

图3-76

3.4 课后习题2——抠出纱巾

【习题知识要点】使用通道控制面板将照片中的物品清晰地提取出来，如图3-77所示。

【素材所在位置】学习资源/Ch03/素材/课后习题2/01。

【效果所在位置】学习资源/Ch03/效果/课后习题2.psd。

图3-77

第 4 章

淘宝图片的调色与修饰

本章介绍

　　本章主要介绍调整图像的色彩与色调的多种命令和修饰图像的方法与技巧。通过对本章的学习，可以学会根据不同的需要应用多种调整命令对图像的色彩或色调进行细微的调整，还可以掌握修饰图像的基本方法与操作技巧，把有缺陷的图像修复完整。

学习目标

◆ 熟练掌握调整图像色彩与色调的方法。

◆ 熟练掌握去掉商品挂钩的方法和技巧。

◆ 熟练掌握为模特瘦身和美容的技巧。

◆ 掌握去除商品上灰尘的方法。

◆ 掌握为模特去除眼中红血丝的方法。

4.1 调整照片的色彩和色调

在拍摄商品图片时，有时拍摄环境并不理想，会造成商品图片有色差，这就需要使用Photoshop进行后期图像处理。

4.1.1 调整照片的曝光度

图像的明暗直接影响商品图片的整体效果，如果图片太暗或对图片的亮度不满意，可以通过"色阶"命令、"曝光度"命令和"曲线"命令等调整命令调整曝光不足的商品图片。

"色阶"命令可以通过调整图像的阴影、中间调和高光的强度级别，校正图像的色调范围和色彩平衡。选择"图像 > 调整 > 色阶"命令，弹出"色阶"对话框，如图4-1所示。

可以从下拉列表中选择不同的颜色通道来调整图像，如果想选择两个以上的色彩通道，要先在"通道"控制面板中选择所需要的通道，再调出"色阶"对话框。

控制图像选定区域的最暗和最亮色彩，通过输入数值或拖曳三角滑块来调整图像。

可自动调整图像并设置层次。

单击此按钮，弹出"自动颜色校正选项"对话框，系统将以0.10%色阶来对图像进行加亮或变暗。

可以通过输入数值或拖曳三角滑块来控制图像的亮度范围。

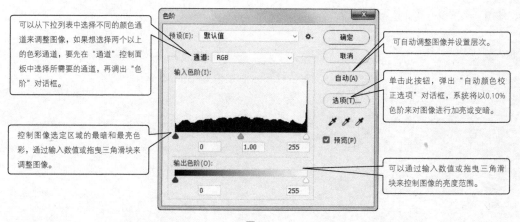

图4-1

"曝光度"命令可以用于处理曝光过度或曝光不足的照片。选择"图像 > 调整 > 曝光度"命令，弹出"曝光度"对话框，如图4-2所示。

调整色彩范围的高光端，对极限阴影的影响很轻微。

使阴影和中间调变暗，对高光的影响很轻微。

使用乘方函数调整图像灰度系数。

图4-2

"曲线"命令可以通过调整图像色彩曲线上的任意一个像素点来改变图像的色彩范围。选择"图像 > 调整 > 曲线"命令，或按Ctrl+M组合键，弹出"曲线"对话框，如图4-3所示。

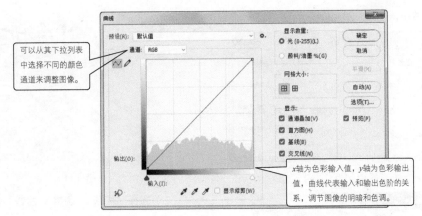

可以从其下拉列表中选择不同的颜色通道来调整图像。

x轴为色彩输入值，y轴为色彩输出值，曲线代表输入和输出色阶的关系，调节图像的明暗和色调。

图4-3

【案例知识要点】使用色阶命令和曝光度命令调整曝光不足的照片，效果如图4-4所示。

【素材所在位置】学习资源/Ch04/素材/调整曝光不足的照片/01。

【效果所在位置】学习资源/Ch04/效果/调整曝光不足的照片.psd。

图4-4

（1）按Ctrl＋O组合键，打开学习资源中的"Ch04 > 素材 > 调整曝光不足的照片 > 01"文件，如图4-5所示。

图4-5

（2）选择"图像 > 调整 > 色阶"命令，在弹出的对话框中进行设置，如图4-6所示，单击"确定"按钮，效果如图4-7所示。

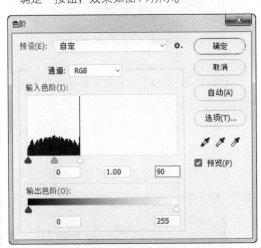

图4-6

图4-7

（3）选择"图像 > 调整 > 曝光度"命令，在弹出的对话框中进行设置，如图4-8所示，单击

"确定"按钮，效果如图4-9所示。

图4-8

图4-9

【案例知识要点】使用曲线命令调整曝光过度的照片，效果如图4-10所示。

【素材所在位置】学习资源/Ch04/素材/调整曝光过度的照片/01。

【效果所在位置】学习资源/Ch04/效果/调整曝光过度的照片.psd。

图4-10

（1）按Ctrl＋O组合键，打开学习资源中的"Ch04 > 素材 > 调整曝光过度的照片 > 01"文件，如图4-11所示。

图4-11

（2）选择"图像 > 调整 > 曲线"命令，弹出"曲线"对话框，在曲线上单击鼠标添加控制点，将"输入"选项设为136，"输出"选项设为46，如图4-12所示，单击"确定"按钮，效果如图4-13所示。曝光过度的照片处理完成。

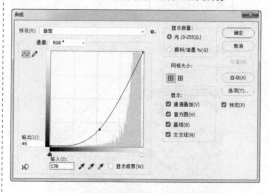

图4-12

图4-13

4.1.2　处理偏色的照片

在拍摄商品图片时，难免会因光线问题导致拍出来的商品图片产生偏色，可以使用"色彩平衡"命令调整画面的颜色，校正图像色彩。

"色彩平衡"命令可以用来调整阴影、中间调和高光中各个颜色的分布。选择"图像 > 调整 > 色彩平衡"命令，或按Ctrl+B组合键，弹出"色彩平衡"对话框，如图4-14所示。

用于添加过渡色来平衡色彩效果，拖曳滑块可以调整整个图像的色彩，也可以在"色阶"选项的数值框中直接输入数值调整图像的色彩。

保持明度：用于保持原图像的明度。

用于选取图像的阴影、中间调和高光。

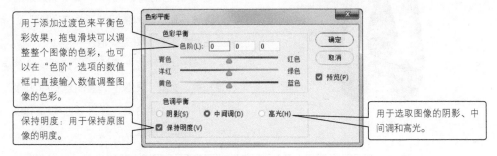

图4-14

【案例知识要点】使用色彩平衡命令调整偏色的照片，效果如图4-15所示。

【素材所在位置】学习资源/Ch04/素材/处理偏色的照片/01。

【效果所在位置】学习资源/Ch04/效果/处理偏色的照片.psd。

图4-15

（1）按Ctrl＋O组合键，打开学习资源中的"Ch04 > 素材 > 处理偏色的照片 > 01"文件，如图4-16所示。

图4-16

（2）选择"图像 > 调整 > 色彩平衡"命令，在弹出的对话框中进行设置，如图4-17所示。在"色调平衡"选项中选择"阴影"，其他选项的设置如图4-18所示。在"色调平衡"选项中选择"高光"，其他选项的设置如图4-19所示，单击"确定"按钮，图像效果如图4-20所示。

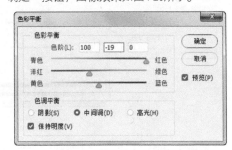

图4-17

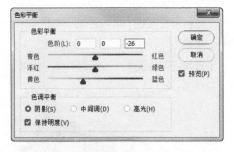

图4-18

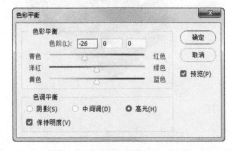

图4-19

图4-20

4.1.3 调节照片的色调

色彩鲜艳的商品图片可以吸引买家的注意力，促进消费。可以使用"色相/饱和度"命令使商品图片色彩变得更为鲜艳。

"色相/饱和度"命令可以调节图像的色相和饱和度。选择"图像 > 调整 > 色相/饱和度"命令，或按Ctrl+U组合键，弹出"色相/饱和度"对话框，如图4-21所示。

用于选择要调整的色彩范围，可以通过拖曳各选项中的滑块来调整图像的色相、饱和度和明度。

用于在由灰度模式转化而来的色彩模式图像中添加需要的颜色。

图4-21

【案例知识要点】使用色相/饱和度命令调整照片的色调，效果如图4-22所示。

【素材所在位置】学习资源/Ch04/素材/调节照片的色调/01。

【效果所在位置】学习资源/Ch04/效果/调节照片的色调.psd。

图4-22

（1）按Ctrl＋O组合键，打开学习资源中的"Ch04 > 素材 > 调节照片的色调 > 01"文件，如图4-23所示。

图4-23

（2）选择"图像 > 调整 > 色相/饱和度"命令，在弹出的对话框中进行设置，如图4-24所示。

（3）单击"全图"选项，在弹出的下拉列表中选择"红色"选项，切换到相应的对话框中进行设置，如图4-25所示。

图4-24

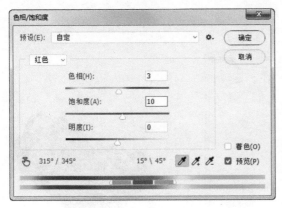
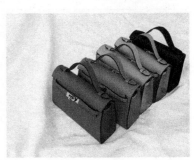

图4-25

（4）单击"全图"选项，在弹出的下拉列表中选择"黄色"选项，切换到相应的对话框中进行设置，如图4-26所示。

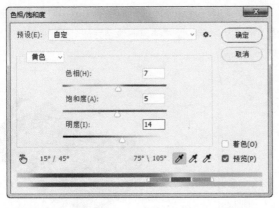

图4-26

（5）单击"全图"选项，在弹出的下拉列表中选择"青色"选项，切换到相应的对话框中进行设置，如图4-27所示。

图4-27

（6）单击"全图"选项，在弹出的下拉列表中选择"蓝色"选项，切换到相应的对话框中进行设置，如图4-28所示。

图4-28

（7）单击"全图"选项，在弹出的下拉列表中选择"洋红"选项，切换到相应的对话框中进行设置，如图4-29所示，单击"确定"按钮，效果如图4-30所示。照片的色调调整完成。

图4-29   图4-30

4.2 修饰照片细节与修复瑕疵

4.2.1 去掉商品挂钩

在拍摄较为柔软的衣物或不能独立造型的商品时，通常会使用辅助道具来帮助商品摆出造型，比如在拍包时，使用挂钩将包悬挂，可以更为鲜明地展现包的造型。拍摄完成后，可以在Photoshop中将辅助道具去除。

【案例知识要点】使用多边形套索工具和仿制图章工具去掉商品挂钩，效果如图4-31所示。

【素材所在位置】学习资源/Ch04/素材/去掉商品挂钩/01。

【效果所在位置】学习资源/Ch04/效果/去掉商品挂钩.psd。

图4-31

（1）按Ctrl＋O组合键，打开学习资源中的"Ch04＞素材＞去掉商品挂钩＞01"文件，如图4-32所示。选择"多边形套索"工具 ，在图像窗口中绘制选区，如图4-33所示。

图4-32

图4-33

（2）选择"仿制图章"工具 ，单击属性栏中的"画笔"选项，弹出画笔选择面板，选择需要的画笔形状，设置如图4-34所示。将鼠标光标放置在图像中需要复制的位置，按住Alt键的同时，鼠标光标变为圆形十字图标 ，如图4-35所示，单击鼠标确定取样点，释放鼠标。

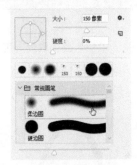

图4-34

图4-35

（3）在图像窗口中适当的位置单击鼠标，用取样点的图像修复，效果如图4-36所示。用相同的方法去除选区中的挂钩，效果如图4-37所示。

图4-36

图4-37

（4）按Ctrl+D组合键，取消选区，如图4-38所示。选择"多边形套索"工具 ▷，在图像窗口中绘制选区，如图4-39所示。

图4-38

图4-39

（5）选择"仿制图章"工具 ▲，单击属性栏中的"画笔"选项，弹出画笔选择面板，选择需要的画笔形状，设置如图4-40所示。将鼠标光标放置在图像中需要复制的位置，按住Alt键的同时，鼠标光标变为圆形十字图标 ⊕，如图4-41所示，单击鼠标确定取样点，释放鼠标。

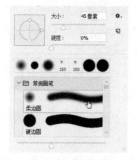

图4-40   图4-41

（6）在图像窗口中适当的位置单击鼠标复制出取样点的图像，效果如图4-42所示。用相同的方法去除选区中的挂钩，效果如图4-43所示。

图4-42   图4-43

（7）选择"仿制图章"工具 ▲，单击属性栏中的"画笔"选项，弹出画笔选择面板，选择需要的画笔形状，设置如图4-44所示。将鼠标光标放置在图像中需要复制的位置，按住Alt键的同时，鼠标光标变为圆形十字图标 ⊕，如图4-45所示，单击鼠标确定取样点，释放鼠标。

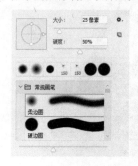

图4-44   图4-45

（8）在图像窗口中适当的位置单击鼠标复制出取样点的图像，效果如图4-46所示。用相同的方法去除选区中的挂钩，效果如图4-47所示。去掉商品挂钩制作完成，效果如图4-48所示。

图4-46　　　　　　图4-47

图4-48

4.2.2　给模特瘦身与美容

为了更好地展现镜头效果，拍摄完成后，通常会在Photoshop中对模特照片进行修瑕、瘦身等操作。

【案例知识要点】使用套索工具绘制选区，使用变换命令和液化命令为模特瘦身，使用污点修复画笔工具修复脸部瑕疵，效果如图4-49所示。

图4-49

【素材所在位置】学习资源/Ch04/素材/给模特瘦身与美容/01。

【效果所在位置】学习资源/Ch04/效果/给模特瘦身与美容.psd。

（1）按Ctrl＋O组合键，打开学习资源中的"Ch04 > 素材 > 给模特瘦身与美容 > 01"文件，如图4-50所示。选择"套索"工具，在窗口中绘制选区，如图4-51所示。

图4-50

图4-51

（2）按Shift+F6组合键，弹出"羽化选区"对话框，选项的设置如图4-52所示，单击"确定"按钮，效果如图4-53所示。

图4-52

图4-53

（3）按Ctrl+J组合键，复制选区中的图像，生成新的图层。按Ctrl+T组合键，图像周围出现变换框，在变换框中单击鼠标右键，在弹出的菜单中选择"变形"命令，将图片变形，如图4-54所示。按Enter键确定操作，效果如图4-55所示。按Ctrl+E组合键，将两个图层合并，如图4-56所示。

图4-54

图4-55

图4-56

（4）选择"滤镜 > 液化"命令，在弹出的对话框中进行设置，在预览框中对人物的腰部、头部和臀部进行调整，如图4-57所示，单击"确定"按钮，完成液化，效果如图4-58所示。

图4-57

图4-58

（5）选择"污点修复画笔"工具 ，属性栏中的设置如图4-59所示。在脸上的脏点处单击鼠标，如图4-60所示，去除多余瑕疵，效果如图4-61所示。用相同的方法修复其他脏点，效果如图4-62所示。瘦身与美容完成，效果如图4-63所示。

图4-59

图4-60　　　　图4-61　　　　图4-62

图4-63

🔍 设计思路

适当地去除模特皮肤上的瑕疵可以使图片更为美观。

4.2.3　清除商品上的灰尘

使用微距拍摄小件商品时，落在商品上的灰尘肉眼大多无法看见，但是使用单反相机拍摄出的图片由于分辨率较高，灰尘会较为明显，需要在Photoshop中将灰尘清除。

【案例知识要点】使用污点修复画笔工具去除商品上的灰尘，效果如图4-64所示。

图4-64

【素材所在位置】学习资源/Ch04/素材/清除商品上的灰尘/01。

【效果所在位置】学习资源/Ch04/效果/清除商品上的灰尘.psd。

（1）按Ctrl＋O组合键，打开学习资源中的"Ch04 > 素材 > 清除商品上的灰尘 > 01"文件，如图4-65所示。

图4-65

（2）选择"污点修复画笔"工具 ✎，在发饰的灰尘处单击鼠标，如图4-66所示，去除灰尘效果，如图4-67所示。

图4-66

图4-67

（3）使用相同的方法去除其他灰尘，效果如图4-68所示。清除商品上的灰尘制作完成。

图4-68

4.2.4 去除红血丝

在拍摄过程中，有可能会因为模特自身生理状况而出现暂时无法立刻解决的状况，如模特眼睛中有红血丝，可以通过使用Photoshop将红血丝去除，让模特眼睛更加清澈。

【案例知识要点】使用套索工具和羽化命令绘制选区，使用色相/饱和度命令去除红血丝，效果如图4-69所示。

【素材所在位置】学习资源/Ch04/素材/去除红血丝/01。

【效果所在位置】学习资源/Ch04/效果/去除红血丝.psd。

图4-69

（1）按Ctrl＋O组合键，打开学习资源中的"Ch04 > 素材 > 去除红血丝 > 01"文件，如图4-70所示。选择"套索"工具 ♀，单击属性栏中的"添加到选区"按钮 ♀，在图像窗口中绘制选区，效果如图4-71所示。

（2）按Shift+F6组合键，弹出"羽化选区"对话框，选项的设置如图4-72所示，单击"确定"按钮，效果如图4-73所示。

图4-70

图4-71

图4-72

图4-73

（3）单击"图层"控制面板下方的"创建新的填充或调整图层"按钮 ♀，在弹出的菜单中选择"色相/饱和度"命令，在"图层"控制面板中生成"色相/饱和度1"图层，同时弹出"色相/饱和度"面板，设置如图4-74所示，按Enter键确认操作，效果如图4-75所示。红血丝去除完成。

图4-74

图4-75

4.3 课后习题1——调整偏色商品

【习题知识要点】使用色相/饱和度命令调整偏色的
商品图片，效果如图4-76所示。

【素材所在位置】学习资源/Ch04/素材/课后习
题1/01。

【效果所在位置】学习资源/Ch04/效果/课后习
题1. psd。

图4-76

4.4 课后习题2——调整曝光不足的商品

【习题知识要点】使用色阶命令调整曝光不足的商
品图片，效果如图4-77所示。

【素材所在位置】学习资源/Ch04/素材/课后习
题2/01。

【效果所在位置】学习资源/Ch04/效果/课后习
题2.psd。

图4-77

第 5 章

淘宝商品文字的制作

本章介绍

　　本章主要介绍了在商品图片设计过程中文字的应用技巧。通过本章的学习要了解并掌握文字的功能及特点，快速地掌握点文字的输入方法以及变形文字和路径文字的制作技巧。

学习目标

◆ 了解文字的编排原则。

◆ 熟练掌握文字的输入与设置的方法。

◆ 掌握变形文字的处理方法。

◆ 掌握文字的艺术化编排方法。

5.1 编排文字的原则

在商品图片设计中，选择合适的字体尤为重要，字体的选择与编排直接影响着商品信息的传达。文字的布局也与整体画面息息相关。此外，文字还应与图片风格相搭配。整体画面和谐统一，有利于传达商品信息。在商品图片文字排版过程中，主体文字应尽量挑选较为醒目的字体，突出与买家利益相关的字词，加强视觉效果；而内容文字的字体可以小，但是要尽量清晰，遵循视觉习惯，合理布局文字。

5.2 应用文字

在商品图片中加入适当的文字可以渲染气氛，直观地传递商品信息。将文字进行编排，可以更好地归纳和区分画面中的各项文字内容，让传达的信息主次分明，让画面结构更有序。不同的字距和行距可以呈现出不同的视觉效果，适当的排版会营造出整齐、规则的视觉感受。

5.2.1 文字的输入与设置

在Photoshop中，使用"横排文字"工具 **T.**和"直排文字"工具 **IT.**可以快速地为图片添加需要的文字。文字与图片相结合，表达更为直观。

1. 文字的输入

选择"横排文字"工具 **T.**，或按T键，其属性栏状态如图5-1所示。

图5-1

IT：用于切换文字输入的方向。

Adobe 黑体 Std：用于设定文字的字体及属性。 **T** 12点 ：用于设定字体的大小。

aa 锐利 ：用于消除文字的锯齿，包括无、锐利、犀利、浑厚和平滑5个选项。 ：用于设定文字的段落格式，分别是左对齐、居中对齐和右对齐。 ：用于设置文字的颜色。 ：用于对文字进行变形操作。 ：用于打开"段落"和"字符"控制面板。 ：用于取消对文字的操作。提交所有当前编辑 ：用于确定对文字的操作。 **3D**：用于从文本图层创建3D对象。

"直排文字"工具 **IT.**可以在图像中建立垂直

文本，创建垂直文本工具属性栏和创建文本工具属性栏的功能基本相同。

2. 文字的设置

"字符"控制面板用于编辑文本字符。

选择"窗口 > 字符"命令，弹出"字符"控制面板，如图5-2所示。

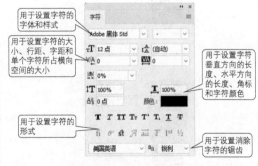

图5-2

【案例知识要点】使用横排文字工具输入文字，使用字符控制面板编辑文字，效果如图5-3所示。

【素材所在位置】学习资源/Ch05/素材/文字的输入与设置/01、02。

【效果所在位置】学习资源/Ch05/效果/文字的输入与设置.psd。

图5-3

（1）按Ctrl+O组合键，打开学习资源中的"Ch05 > 素材 > 文字的输入与设置 > 01"文件，如图5-4所示。将前景色设为灰色（其R、G、B的值分别为73、64、71）。选择"横排文字"工具 **T.**，在适当的位置输入需要的文字并选取文字，在属性栏中选择合适的字体并设置大小，效果如图5-5所示。在"图层"控制面板中生成新的文字图层。

图5-4

图5-5

（2）选取文字"男士水能润泽双效洁面膏"图层。按Ctrl+T组合键，在弹出的"字符"面板中单击"仿斜体"按钮 *I*，将文字倾斜，其他选项的设置如图5-6所示，按Enter键确定操作，效果如图5-7所示。

图5-6 　　　　　　图5-7

（3）将前景色设为黑灰色（其R、G、B的值分别为36、35、41）。在适当的位置输入需要的文字并选取文字，在属性栏中选择合适的字体并设置大小，效果如图5-8所示。在"图层"控制面板中生成新的文字图层。在"字符"面板中进行设置，如图5-9所示，按Enter键确定操作，效果如图5-10所示。

图5-8

图5-9 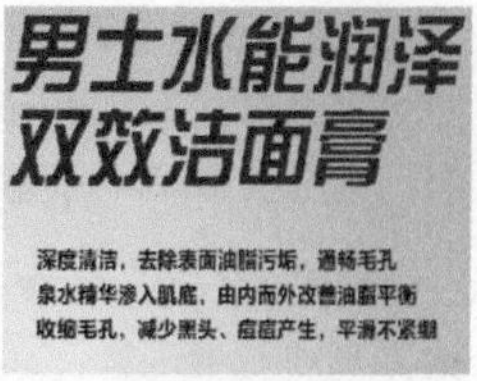　　　　　　图5-10

（4）选取需要的文字，如图5-11所示。按Alt+向右方向键，调整文字适当的间距，效果如图5-12所示。使用相同的方法调整其他文字，效果如图5-13所示。

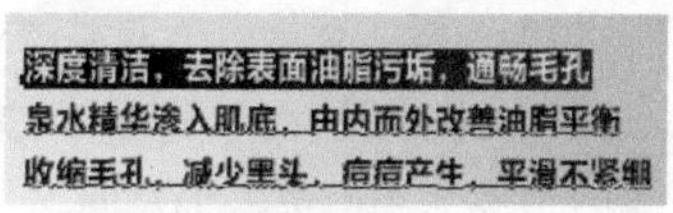

图5-11

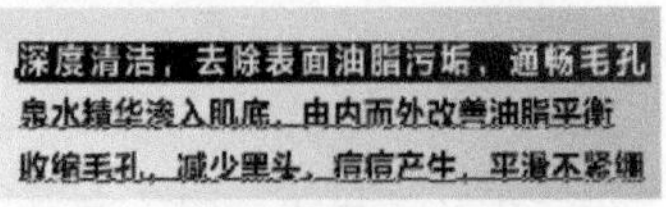

深度清洁，去除表面油脂污垢，通畅毛孔
泉水精华渗入肌底，由内而外改善油脂平衡
收缩毛孔，减少黑头、痘痘产生，平滑不紧绷

图5-12

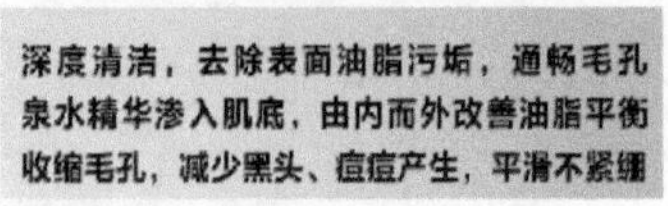

深度清洁，去除表面油脂污垢，通畅毛孔
泉水精华渗入肌底，由内而外改善油脂平衡
收缩毛孔，减少黑头、痘痘产生，平滑不紧绷

图5-13

（5）按Ctrl＋O组合键，打开学习资源中的"Ch05＞素材＞文字的输入与设置＞02"文件。选择"移动"工具 ✛，将图片拖曳到图像窗口中适当的位置并调整大小，效果如图5-14所示。在"图层"控制面板中生成新图层并将其命名为"选中图标"。

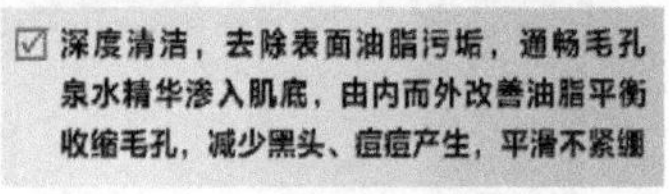

☑ 深度清洁，去除表面油脂污垢，通畅毛孔
泉水精华渗入肌底，由内而外改善油脂平衡
收缩毛孔，减少黑头、痘痘产生，平滑不紧绷

图5-14

（6）将"选中图标"图层两次拖曳到"图层"控制面板下方的"创建新图层"按钮 🗔 上进行复制，生成新的图层"选中图标 拷贝"和"选中图标 拷贝2"。在图像窗口中将复制的图像拖曳到适当的位置，效果如图5-15所示。

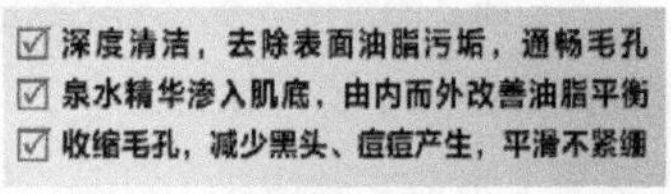

☑ 深度清洁，去除表面油脂污垢，通畅毛孔
☑ 泉水精华渗入肌底，由内而外改善油脂平衡
☑ 收缩毛孔，减少黑头、痘痘产生，平滑不紧绷

图5-15

（7）选择"横排文字"工具 T，在适当的位置输入需要的文字并选取文字，在属性栏中选择合适的字体并设置大小，如图5-16所示。在"图层"控制面板中生成新的文字图层。选取输入的文字，在"字符"面板中进行设置，如图5-17所示，按Enter键确定操作，效果如图5-18所示。

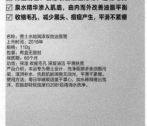

图5-16

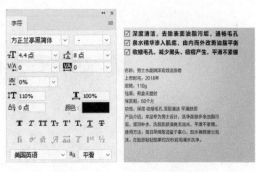

图5-17　　　　　　　图5-18

（8）选取文字"名称"。在"字符"面板中单击"仿粗体"按钮 T，将文字加粗，效果如图5-19所示。使用相同的方法设置其他文字，效果如图5-20所示。

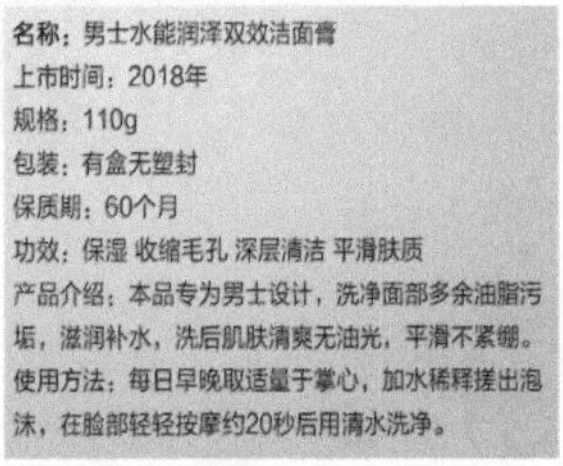

名称：男士水能润泽双效洁面膏
上市时间：2018年
规格：110g
包装：有盒无塑封
保质期：60个月
功效：保湿 收缩毛孔 深层清洁 平滑肤质
产品介绍：本品专为男士设计，洗净面部多余油脂污垢，滋润补水，洗后肌肤清爽无油光，平滑不紧绷。
使用方法：每日早晚取适量于掌心，加水稀释搓出泡沫，在脸部轻轻按摩约20秒后用清水洗净。

图5-19

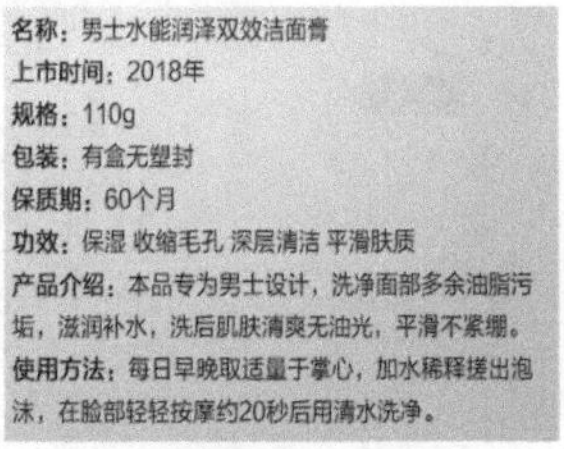

名称：男士水能润泽双效洁面膏
上市时间：2018年
规格：110g
包装：有盒无塑封
保质期：60个月
功效：保湿 收缩毛孔 深层清洁 平滑肤质
产品介绍：本品专为男士设计，洗净面部多余油脂污垢，滋润补水，洗后肌肤清爽无油光，平滑不紧绷。
使用方法：每日早晚取适量于掌心，加水稀释搓出泡沫，在脸部轻轻按摩约20秒后用清水洗净。

图5-20

（9）将前景色设为红色（其R、G、B的值分别为255、0、0）。在适当的位置输入需要的文字并选取文字，在属性栏中选择合适的字体并设置大小，单击"居中对齐文本"按钮 ☰，效果如图5-21所示。在"图层"控制面板中生成新的文字图层。在"字符"面板中进行设置，如图5-22所示，按Enter键确定操作，效果如图5-23所示。

图5-21

图5-22

图5-23

（10）选取文字"2018"，在属性栏中选择合适的字体并设置大小，效果如图5-24所示。选取文字"NEW"，在"字符"面板中进行设置，如图5-25所示，按Enter键确定操作，效果如图5-26所示。

图5-24

图5-25

图5-26

（11）选择"移动"工具 ⊕，按Ctrl+T组合键，在文字周围出现变换框，将光标放在变换框的控制手柄外边，光标变为旋转图标 ↰，拖曳鼠标将图像旋转到适当的角度，按Enter键确定操作，效果如图5-27所示。

图5-27

（12）选择"椭圆"工具 ◯，在属性栏的"选择工具模式"选项中选择"形状"，将"填充"颜色设为无，"描边"颜色设为红色（其R、G、B的值分别为255、0、0），"描边宽度"设为0.25点。按住Shift键的同时，在图像窗口中绘制圆形，如图5-28所示。文字的输入与设置完成，效果如图5-29所示。

图5-28

图5-29

5.2.2　文字的变形处理

使用"文字变形"命令可以使文字呈现出特殊效果，点缀在商品图片中，表现出活跃的氛围。

【案例知识要点】使用横排文字工具输入文字，使用文字变形命令制作文字效果，效果如图5-30所示。

图5-30

【素材所在位置】学习资源/Ch05/素材/文字

的变形处理/01～03。

【效果所在位置】学习资源/Ch05/效果/文字的变形处理.psd。

（1）按Ctrl＋N组合键，新建一个文件，宽度为15.5cm，高度为15.5cm，分辨率为150像素/英寸，颜色模式为RGB，背景内容为白色，单击"确定"按钮。将前景色设为蓝色（其R、G、B的值分别为0、168、255）。按Alt+Delete组合键，用前景色填充背景图层，效果如图5-31所示。

图5-31

（2）按Ctrl＋O组合键，打开学习资源中的"Ch05＞素材＞文字的变形处理＞01、02、03"文件。选择"移动"工具，将图片分别拖曳到图像窗口中适当的位置并调整大小，效果如图5-32所示。在"图层"控制面板中分别生成新图层并将其命名为"床品""元素"和"装饰"。

图5-32

（3）将前景色设为白色。选择"横排文字"工具T，在适当的位置输入需要的文字并选取文字，在属性栏中选择合适的字体并设置大小，效

果如图5-33所示。在"图层"控制面板中生成新的文字图层。

图5-33

（4）按Ctrl+T组合键，弹出"字符"面板，选项的设置如图5-34所示，按Enter键确定操作，效果如图5-35所示。

图5-34　　　　　　图5-35

（5）将前景色设为黄色（其R、G、B的值分别为255、252、0）。选择"横排文字"工具T，在适当的位置分别输入需要的文字并选取文字，在属性栏中选择合适的字体并分别设置大小，效果如图5-36所示。在"图层"控制面板中分别生成新的文字图层。

图5-36

（6）按住shift键的同时，将刚输入文字的图层同时选取。在"字符"面板中进行设置，如图5-37所示，按Enter键确定操作，效果如图5-38所示。

图5-37　　　　　　图5-38

（7）选择"蚕丝透气套装"文字图层。单击属性栏中的"创建文字变形"按钮 ，在弹出的对话框中进行设置，如图5-39所示，单击"确定"按钮，效果如图5-40所示。

图5-39

图5-40

（8）选择"新品上市"文字图层。单击属性栏中的"创建文字变形"按钮 ，在弹出的对话框中进行设置，如图5-41所示，单击"确定"按

钮，效果如图5-42所示。

图5-41

图5-42

（9）选择"椭圆"工具 ，在属性栏的"选择工具模式"选项中选择"形状"。按住Shift键的同时，在图像窗口中绘制圆形，如图5-43所示。

图5-43

（10）将前景色设为红色（其R、G、B的值分别为254、0、0）。选择"横排文字"工具 ，在适当的位置分别输入需要的文字并选取文字，在属性栏中选择合适的字体并分别设置大小，效果如图5-44所示。在"图层"控制面板中分别生成新的文字图层。

图5-44

（11）按住Shift键的同时，将刚输入文字的图层同时选取。在"字符"面板中进行设置，如图5-45所示，按Enter键确定操作，效果如图5-46所示。

图5-45　　　　　　　　图5-46

（12）选择"99"文字图层。在"字符"面板中进行设置，如图5-47所示，按Enter键确定操作，效果如图5-48所示。

图5-47　　　　　　　　图5-48

（13）单击属性栏中的"创建文字变形"按钮，在弹出的对话框中进行设置，如图5-49所示，单击"确定"按钮，效果如图5-50所示。文

字的变形处理完成，效果如图5-51所示。

图5-49

图5-50

图5-51

5.2.3　文字的艺术化编排

在实际设计过程中，有时需要将文字经过艺术化的编排来营造氛围。

1．制作初冬特惠季

【案例知识要点】使用横排文字工具输入文字，使用栅格化文字命令将文字转换为图像，使用变换命令制作文字特效，使用钢笔工具为文字添加特殊效果，使用图层样式制作文字描边效果，使用多边形套索工具绘制装饰图形，效果如图5-52所示。

图5-52

【素材所在位置】学习资源/Ch05/素材/文字的艺术化编排1/01。

【效果所在位置】学习资源/Ch05/效果/文字的艺术化编排1.psd。

（1）按Ctrl＋O组合键，打开学习资源中的"Ch05 > 素材 > 文字的艺术化编排1 > 01"文件，如图5-53所示。将前景色设为粉色（其R、G、B的值分别为255、85、112）。选择"横排文字"工具 T.，在适当的位置输入需要的文字并选取文字，在属性栏中选择合适的字体并设置大小，效果如图5-54所示。在"图层"控制面板中生成新的文字图层。

图5-53

图5-54

（2）选择"文字 > 栅格化文字图层"命令，将文字图层转换为图像图层，如图5-55所示。选择"矩形选框"工具 □,，在图像窗口中绘制矩形选区，如图5-56所示。

图5-55

图5-56

（3）按Ctrl+T组合键，图像周围出现变换框，在变换框中单击鼠标右键，在弹出的菜单中选择"透视"命令，拖曳左上角的控制手柄将图片进行透视，如图5-57所示。在变换框中单击鼠标右键，在弹出的菜单中选择"自由变换"命令，拖曳左侧变换框调整图片，按Enter键确定操作，按Ctrl+D组合键，取消选区，效果如图5-58所示。

图5-57

图5-58

（4）使用相同的方法制作右侧的效果，如图5-59所示。新建图层并将其命名为"初冬特惠季 拷贝"。按住Ctrl键的同时，单击"初冬特惠

季"图层的缩览图,图像周围生成选区,如图
5-60所示。

图5-59

图5-60

(5)将前景色设为黄色(其R、G、B的值分别为255、248、54)。按Alt+Delete组合键,用前景色填充选区,取消选区后,效果如图5-61所示。按Ctrl+T组合键,在图像周围出现变换框,按住Alt+Shift组合键的同时,拖曳右上角的控制手柄等比例缩小图片,按Enter键确定操作,效果如图5-62所示。

图5-61

图5-62

(6)新建图层并将其命名为"文字衬底"。将前景色设为深红色(其R、G、B的值分别为95、10、19)。选择"钢笔"工具 ,在属性栏的"选择工具模式"选项中选择"路径",在图像窗口中绘制路径,如图5-63所示。按Ctrl+Enter

组合键,将路径转换为选区。按Alt+Delete组合键,用前景色填充选区。按Ctrl+D组合键,取消选区,效果如图5-64所示。

图5-63

图5-64

(7)在"图层"控制面板中,将"文字衬底"图层拖曳到"初冬特惠季"图层的下方,如图5-65所示,图像效果如图5-66所示。

图5-65

图5-66

(8)新建图层并将其命名为"高光"。将前景色设为白色。选择"钢笔"工具 ,分别在图像窗口中绘制路径,如图5-67所示。按Ctrl+Enter组合键,将路径转换为选区。按Alt+Delete组合键,用前景色填充选区。按Ctrl+D组合键,取消选区,效果如图5-68所示。

图5-67

图5-68

（9）将前景色设为深红色（其R、G、B的值分别为95、10、19）。选择"横排文字"工具 T，在适当的位置输入需要的文字并选取文字，在属性栏中选择合适的字体并设置大小，效果如图5-69所示。在"图层"控制面板中生成新的文字图层。

图5-69

（10）单击"图层"控制面板下方的"添加图层样式"按钮 fx，在弹出的菜单中选择"描边"命令，弹出对话框，将描边颜色设为红色（其R、G、B的值分别为255、85、112），其他选项的设置如图5-70所示，单击"确定"按钮，效果如图5-71所示。

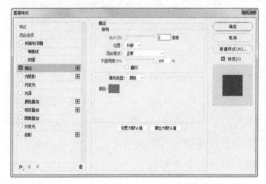

图5-70

图5-71

（11）将前景色设为蓝绿色（其R、G、B的值分别为78、198、199）。选择"横排文字"工具 T，在适当的位置输入需要的文字并选取文字，在属性栏中选择合适的字体并设置大小，效果如图5-72所示。在"图层"控制面板中生成新的文字图层。

图5-72

（12）新建图层并将其命名为"装饰"。将前景色设为黄色（其R、G、B的值分别为255、248、54）。选择"多边形套索"工具 ，单击属性栏中的"添加到选区"按钮 ，在图像窗口中绘制选区，如图5-73所示。按Alt+Delete组合键，用前景色填充选区。按Ctrl+D组合键，取消选区，效果如图5-74所示。

图5-73

图5-74

（13）使用相同的方法绘制选区并填充适当

的颜色，效果如图5-75所示。文字的艺术化编排完成。

图5-75

2. 制作饮水机广告

【案例知识要点】使用栅格化命令、套索工具和钢笔工具制作标题文字，使用创建剪切蒙版命令制作水滴效果，使用收缩和羽化命令制作立体字，效果如图5-76所示。

图5-76

【素材所在位置】学习资源/Ch05/素材/文字的艺术化编排2/01、02。

【效果所在位置】学习资源/Ch05/效果/文字的艺术化编排2.psd。

（1）按Ctrl+O组合键，打开学习资源中的"Ch05 >素材 > 文字的艺术化编排2 > 01"文件，如图5-77所示。将前景色设为深蓝色（其R、G、B的值分别为0、54、124）。选择"横排文字"工具 T，在属性栏中选择合适的字体并设置大小，在图像窗口中输入需要的文字，如图5-78所示。在"图层"控制面板中生成新的文字图层。

图5-77　　　　　　图5-78

（2）选择"图层 > 栅格化文字图层"命令，将文字图层转换为图像图层。选择"套索"工具 ，在"健"字下方绘制选区，如图5-79所示。按Delete键，将选区中的图像删除。按Ctrl+D组合键，取消选区，效果如图5-80所示。用相同的方法删除其他不需要的图像，效果如图5-81所示。

图5-79　　　　　　图5-80

图5-81

（3）圈选文字"健"，如图5-82所示。选择"移动"工具 ，将文字向上拖曳到适当的位置。按Ctrl+D组合键，取消选区，效果如图5-83所示。

图5-82

图5-83

（4）用相同的方法调整其他文字的位置，效果如图5-84所示。新建图层生成"图层1"。选择"钢笔"工具 ，在图像窗口中拖曳鼠标绘制多个闭合路径，如图5-85所示。

图5-84

图5-85

（5）按Ctrl+Enter组合键，将路径转化为选区。按Alt+Delete组合键，用前景色填充选区。按Ctrl+D组合键，取消选区，效果如图5-86所示。在"图层"控制面板中，按住Shift键的同时，将"图层1"图层和"健康饮水 起来"图层同时选取，按Ctrl+E组合键，合并图层并将其命名为"文字"。

图5-86

（6）将前景色设为白色。按住Ctrl键的同时，在"图层"控制面板中单击"文字"图层的缩览图，在文字图像周围生成选区。按Alt+Delete组合键，用前景色填充选区。按Ctrl+D组合键，取消选区，效果如图5-87所示。

图5-87

（7）单击"图层"控制面板下方的"添加图层样式"按钮 ，在弹出的下拉菜单中选择"斜面和浮雕"命令，在弹出的对话框中进行设置，如图5-88所示。选择"描边"选项，弹出对话框，将描边颜色设为深蓝色（其R、G、B的值分别为27、52、97），其他选项的设置如图5-89所示，单击"确定"按钮，效果如图5-90所示。

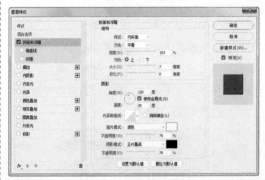

图5-88

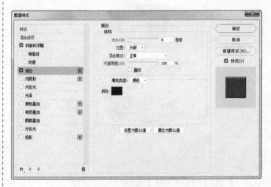

图5-89

图5-90

（8）按Ctrl+O组合键，打开学习资源中的"Ch05＞素材＞文字的艺术化编排2＞02"文件。选择"移动"工具 ，拖曳图片02到图像窗口中的适当位置。在"图层"控制面板中生成新的图层并将其命名为"水滴",效果如图5-91所示。按Alt+Ctrl+G组合键,创建剪贴蒙版,效果如图5-92所示。

图5-91

图5-92

（9）将前景色设为墨绿色（其R、G、B的值分别为0、61、30）。新建图层并将其命名为"活"。选择"钢笔"工具 ✐ ,在属性栏的"选择工具模式"选项中选择"路径",在图像窗口中拖曳鼠标绘制多个闭合路径,如图5-93所示。按Ctrl+Enter组合键,将路径转化为选区。按Alt+Delete组合键,用前景色填充选区。按Ctrl+D组合键,取消选区,效果如图5-94所示。

图5-93　　　　　　　　图5-94

（10）将前景色设为绿色（其R、G、B的值分别为76、183、72）。将"活"图层拖曳到控制面板下方的"创建新图层"按钮 上进行复制,生成新的拷贝图层。按住Ctrl键的同时,单击"活拷贝"图层的缩览图,图像周围生成选区,如图5-95所示。

图5-95

（11）按Alt+Delete组合键,用前景色填充选区。按Ctrl+D组合键,取消选区,效果如图5-96所示。选择"移动"工具 ,按住Shift键的同时,垂直向上拖曳到适当的位置,效果如图5-97所示。

图5-96　　　　　　　　图5-97

（12）将前景色设为黄绿色（其R、G、B的值分别为218、220、49）。新建图层并将其命名为"高光"。按住Ctrl键的同时,单击"活拷贝"图层的缩览图,图像周围生成选区,如图5-98所示。

图5-98

（13）选择"选择 > 修改 > 收缩"命令,弹出"收缩选区"对话框,选项的设置如图5-99所示,单击"确定"按钮,效果如图5-100所示。

图5-99

图5-100

（14）选择"选择 > 修改 > 羽化"命令，弹出"羽化选区"对话框，选项的设置如图5-101所示，单击"确定"按钮，效果如图5-102所示。按Alt+Delete组合键，用前景色填充选区。按Ctrl+D组合键，取消选区，效果如图5-103所示。

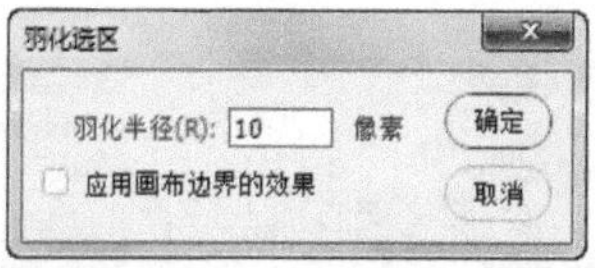

羽化选区

羽化半径(R)：10   像素   确定

□ 应用画布边界的效果   取消

图5-101

图5-102    图5-103

（15）将前景色设为白色。新建图层并将其命名为"高光2"。选择"钢笔"工具 [钢笔图标]，

在图像窗口中拖曳鼠标绘制多个闭合路径。按Ctrl+Enter组合键，将路径转化为选区。按Alt+Delete组合键，用前景色填充选区。按Ctrl+D组合键，取消选区，效果如图5-104所示。文字的艺术化编排2完成，效果如图5-105所示。

图5-104

图5-105

5.3　课后习题1——制作狗粮广告

【习题知识要点】使用横排文字工具输入文字，使用文字变形命令和路径文字命令制作文字特效，效果如图5-106所示。

【素材所在位置】学习资源/Ch05/素材/课后习题1/01~05。

【效果所在位置】学习资源/Ch05/效果/课后习题1.psd。

图5-106

5.4 课后习题2——制作女鞋广告

【习题知识要点】使用矩形工具绘制文字底图，使用横排文字工具和字符面板添加宣传文字，效果如图5-107所示。

【素材所在位置】学习资源/Ch05/素材/课后习题2/01。

【效果所在位置】学习资源/Ch05/效果/课后习题2.psd。

图5-107

第 *6* 章

淘宝图片的合成与特效

本章介绍

本章将主要介绍使用Photoshop合成图片和制作特效的方法和技巧。通过本章的学习，可以掌握商品图片合成的方法和制作特效的方法，从而在商品图片处理中更好地突出商品，弥补拍摄时的不足，吸引买家眼光，快速表现出商品信息。

学习目标

◆ 熟练掌握添加装饰元素的方法。

◆ 掌握添加水印的方法。

◆ 了解添加边框的方法。

◆ 熟练掌握为商品添加倒影的方法。

◆ 掌握制作高清效果的方法。

◆ 掌握合成服饰搭配的方法。

◆ 熟练掌握制作绚丽的耀斑效果的方法。

◆ 掌握模拟小景深效果的方法。

◆ 掌握为商品制作萦绕光线效果的方法。

◆ 了解制作火焰效果的方法。

◆ 熟练掌握制作闪烁点的方法。

6.1 合成图片

图片合成是商品图片处理的常用方法之一。合成可以为商品更换材质或背景，也可以添加相关素材，烘托商品主体，激发买家的购买欲望。

6.1.1 添加装饰元素

为商品图片添加一些相关的元素，可以使画面更加丰富，表现商品特点，突出商品信息。

【案例知识要点】使用移动工具、矩形选框工具、填充命令和变换命令制作照片效果，使用移动工具添加素材图片，使用文字工具添加广告语，效果如图6-1所示。

图6-1

【素材所在位置】学习资源/Ch06/素材/添加装饰元素/01～04。

【效果所在位置】学习资源/Ch06/效果/添加装饰元素.psd。

（1）按Ctrl＋O组合键，打开学习资源中的"Ch06 > 素材 > 添加装饰元素 > 01"文件，如图6-2所示。按Ctrl+J组合键，复制图层并将其命名为"图片"，如图6-3所示。隐藏"图片"图层，选择"背景"图层。

图6-2　　　　　　　　　　图6-3

（2）单击"图层"控制面板下方的"创建新的填充或调整图层"按钮 ，在弹出的菜单中选择"色阶"命令，在"图层"控制面板中生成"色阶1"图层，同时弹出"色阶"面板，设置如图6-4所示，按Enter键确认操作，效果如图6-5所示。

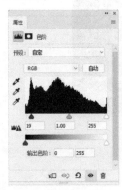

图6-4　　　　　　　　　　图6-5

（3）单击"图层"控制面板下方的"创建新的填充或调整图层"按钮 ，在弹出的菜单中选择"色相/饱和度"命令，在"图层"控制面板中生成"色相/饱和度1"图层，同时弹出"色相/饱和度"面板，设置如图6-6所示，按Enter键确认操作，效果如图6-7所示。

图6-6 图6-7

（4）新建图层组并将其命名为"照片"。新建图层并将其命名为"相片"。将前景色设为白色。选择"矩形"工具 ▢，在属性栏的"选择工具模式"选项中选择"像素"，在图像窗口中拖曳鼠标绘制矩形，效果如图6-8所示。单击"图层"控制面板下方的"添加图层样式"按钮 ƒx，在弹出的菜单中选择"投影"命令，在弹出的对话框中进行设置，如图6-9所示，单击"确定"按钮，效果如图6-10所示。

图6-8

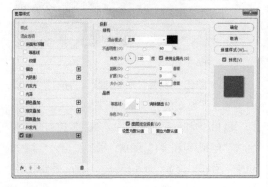

图6-9

图6-10

（5）新建图层并将其命名为"矩形"。选择"矩形"工具 ▢，在图像窗口中拖曳鼠标绘制矩形，效果如图6-11所示。显示"图片"图层并将其拖曳到"照片"图层组中，调整其大小，如图6-12所示。按Alt+Ctrl+G组合键，创建剪贴蒙版，效果如图6-13所示。

图6-11

图6-12 图6-13

（6）单击"照片"图层组左侧的 ∨ 图标，隐藏图层，如图6-14所示。按Ctrl+T组合键，在照片周围出现变换框，拖曳控制手柄旋转图像，按Enter键确认操作，效果如图6-15所示。

图6-14　　　　　　　　图6-15

（7）按Ctrl+J组合键，复制图层组，如图6-16所示。按Ctrl+T组合键，在照片周围出现变换框，拖曳控制手柄旋转图像，按Enter键确认操作，效果如图6-17所示。

图6-16　　　　　　　　图6-17

（8）按Ctrl+O组合键，打开学习资源中的"Ch06 > 素材 > 添加装饰元素 > 02"文件。选择"移动"工具 ⊕，将02图像拖曳到01图像窗口中，效果如图6-18所示。在"图层"控制面板中生成新的图层并将其命名为"单反相机"。

图6-18

（9）单击"图层"控制面板下方的"添加图层样式"按钮 fx，在弹出的菜单中选择"投影"命令，在弹出的对话框中进行设置，如图6-19所示，单击"确定"按钮，效果如图6-20所示。

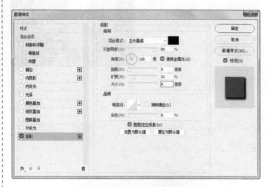

图6-19

图6-20

（10）选择"横排文字"工具 T，在图像窗口中输入需要的文字并选取文字，在属性栏中选择合适的字体并设置大小，如图6-21所示。在"图层"控制面板中生成新的文字图层。选取需要的文字。选择"窗口 > 字符"命令，弹出"字符"面板，选项的设置如图6-22所示，按Enter键确认操作，文字效果如图6-23所示。

图6-21

图6-22　　　　　　　　图6-23

（11）选取需要的文字。在"字符"面板中
进行设置，如图6-24所示，按Enter键确认操作，
文字效果如图6-25所示。

图6-24　　　　　　　　图6-25

（12）单击"图层"控制面板下方的"添
加图层样式"按钮 *fx.*，在弹出的菜单中选择
"投影"命令，在弹出的对话框中进行设置，如
图6-26所示，单击"确定"按钮，效果如图6-27
所示。

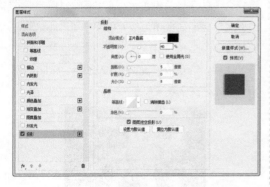

图6-26

图6-27

（13）按Ctrl+O组合键，打开学习资源中的
"Ch06 > 素材 > 添加装饰元素 > 03"文件。选
择"移动"工具 ⊕，将03图像拖曳到01图像窗口
中，效果如图6-28所示，在"图层"控制面板中
生成新的图层并将其命名为"蜂鸟"。

图6-28

（14）单击"图层"控制面板下方的"添加
图层样式"按钮 *fx.*，在弹出的菜单中选择"内阴
影"命令，弹出对话框，将阴影颜色设为橘黄色
（其R、G、B的值分别为254、232、184），其他
选项的设置如图6-29所示，单击"确定"按钮，
效果如图6-30所示。

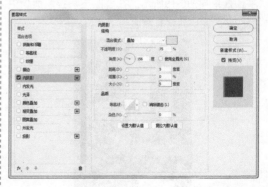

图6-29

图6-30

（15）选择"横排文字"工具 T.，在图像窗口中分别输入需要的文字并选取文字，在属性栏中分别选择合适的字体并设置大小，如图6-31所示。在"图层"控制面板中分别生成新的文字图层。选取英文文字图层。在"字符"面板中进行设置，如图6-32所示，按Enter键确认操作，文字效果如图6-33所示。

图6-31

图6-32

图6-33

（16）选取"索隆"文字图层。在"字符"面板中进行设置，如图6-34所示，按Enter键确认操作，文字效果如图6-35所示。按Ctrl+O组合键，打开学习资源中的"Ch06 > 素材 > 添加装饰元素 > 04"文件。选择"移动"工具 ⊕.，将04图像拖曳到01图像窗口中，效果如图6-36所示。在"图层"控制面板中生成新的图层并将其命名为"文字"。装饰元素添加完成。

图6-34

图6-35

图6-36

6.1.2　添加水印

为处理好的商品图片添加水印可以有效防止盗图行为，将店铺标志和名称制作成水印还可以在一定程度上起到宣传店铺的作用。

【案例知识要点】使用横排文字工具添加店铺名称，使用自定形状工具绘制店铺标志，使用图层控制面板制作透明水印，效果如图6-37所示。

图6-37

【素材所在位置】学习资源/Ch06/素材/添加水印/01。

【效果所在位置】学习资源/Ch06/效果/添加水印.psd。

（1）按Ctrl+O组合键，打开学习资源中的"Ch06 > 素材 > 添加水印 > 01"文件，如图6-38所示。将前景色设为白色。选择"横排文字"工具 **T.**，在适当的位置输入需要的文字并选取文字，在属性栏中选择合适的字体并设置大小，效果如图6-39所示。在"图层"控制面板中生成新的文字图层。

图6-38   图6-39

（2）选择"自定形状"工具 ，单击"形状"选项，弹出"形状"面板，单击面板右上方的按钮 ，在弹出的菜单中选择"装饰"命令，弹出提示对话框，单击"追加"按钮。在"形状"面板中选中图形"装饰5"，如图6-40所示。在属性栏的"选择工具模式"选项中选择"形状"，在图像窗口中拖曳光标绘制图形，如图6-41所示。

图6-40

图6-41

（3）在"图层"控制面板中，按住Ctrl键的同时，选择"形状1"和"悦馨家纺"。按Ctrl+G组合键，将图层编组并将其命名为"水印"。在"图层"控制面板上方，将"水印"图层的"不透明度"选项设为60%，如图6-42所示，按Enter键确认操作，图像效果如图6-43所示。水印添加完成。

图6-42

图6-43

6.1.3　添加边框

为商品添加精美的边框可以使图片效果更出众，从而引起买家的注意，增加商品销售的概率。

【案例知识要点】使用调整层调整商品色调，使用移动工具添加素材图片，使用图层样式添加立体边框，效果如图6-44所示。

图6-44

【素材所在位置】学习资源/Ch06/素材/添

加边框/01、02。

【**效果所在位置**】学习资源/Ch06/效果/添加边框.psd。

（1）按Ctrl＋O组合键，打开学习资源中的"Ch06 > 素材 > 添加边框 > 01"文件，如图6-45所示。单击"图层"控制面板下方的"创建新的填充或调整图层"按钮 ⊘ ，在弹出的菜单中选择"色相/饱和度"命令，在"图层"控制面板中生成"色相/饱和度1"图层，同时弹出"色相/饱和度"面板，设置如图6-46所示，按Enter键确认操作，效果如图6-47所示。

图6-45

图6-46 图6-47

（2）单击"图层"控制面板下方的"创建新的填充或调整图层"按钮 ⊘ ，在弹出的菜单中选择"色阶"命令，在"图层"控制面板中生成"色阶1"图层，同时弹出"色阶"面板，设置如图6-48所示，按Enter键确认操作，效果如图6-49所示。

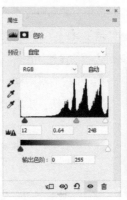

图6-48 图6-49

（3）按Ctrl+O组合键，打开学习资源中的"Ch06 > 素材 > 添加边框 > 02"文件。选择"移动"工具 ⊹ ，将02图像拖曳到01图像窗口中，效果如图6-50所示。在"图层"控制面板中生成新的图层并将其命名为"边框"。

图6-50

（4）单击"图层"控制面板下方的"添加图层样式"按钮 *fx.* ，在弹出的菜单中选择"斜面和浮雕"命令，在弹出的对话框中进行设置，如图6-51所示。

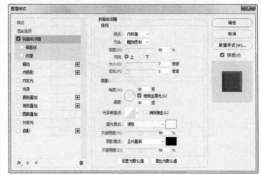

图6-51

（5）选择"颜色叠加"选项，弹出相应的对话框，将叠加颜色设为橘红色（其R、G、B的值分别为255、120、0），其他选项的设置如图6-52所示。选择"投影"选项，弹出相应的对话框，设置如图6-53所示，单击"确定"按钮，效果如图6-54所示。边框添加完成。

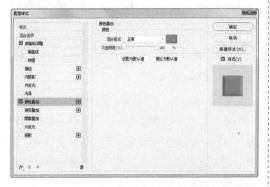

图6-52

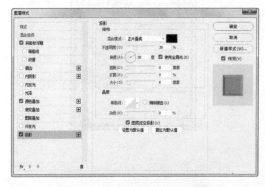

图6-53

图6-54

6.1.4 添加倒影

在拍摄珠宝、腕表等反光面多并受周边环境影响大的商品时，为了凸显商品的质感，通常会弱化背景，采用黑、白等无彩色背景来衬托商品，并制作镜面倒影来彰显商品质量，提高销量。

【案例知识要点】使用图层的混合模式制作图片融合，使用变换命令、图层蒙版和画笔工具制作倒影，效果如图6-55所示。

图6-55

【素材所在位置】学习资源/Ch06/素材/添加倒影/01～04。

【效果所在位置】学习资源/Ch06/效果/添加倒影.psd。

（1）按Ctrl+O组合键，打开学习资源中的"Ch06 > 素材 > 添加倒影 > 01、02"文件，01文件如图6-56所示。选择"移动"工具 ，将02图像拖曳到01图像窗口中适当的位置并调整大小，效果如图6-57所示。在"图层"控制面板中生成新图层并将其命名为"齿轮图片"。

图6-56

图6-57

（2）在"图层"控制面板上方，将该图层的混合模式选项设为"正片叠底"，如图6-58所示，图像效果如图6-59所示。

图6-58

图6-59

（3）按Ctrl＋O组合键，打开学习资源中的"Ch06 > 素材 > 添加倒影 > 03"文件。选择"移动"工具⊕，将03图像拖曳到01图像窗口中适当的位置并调整大小，效果如图6-60所示。在"图层"控制面板中生成新图层并将其命名为"手表1"。

图6-60

（4）按Ctrl+J组合键，复制图层，如图6-61所示。将其拖曳到"手表1"图层的下方，如图6-62所示。

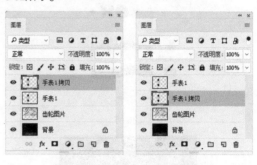

图6-61　　　　　　　　　图6-62

（5）按Ctrl+T组合键，在图像周围出现变换框，单击鼠标右键，在弹出的菜单中选择"垂直翻转"命令，垂直翻转图像，并拖曳到适当的位置，按Enter键确认操作，效果如图6-63所示。单击"图层"控制面板下方的"添加蒙版"按钮▢，为图层添加蒙版，如图6-64所示。

图6-63

图6-64

（6）将前景色设为黑色。选择"画笔"工具✐，在属性栏中单击"画笔"选项，弹出画笔选择面板，设置如图6-65所示。在图像窗口中拖曳鼠标擦除不需要的图像，效果如图6-66所示。

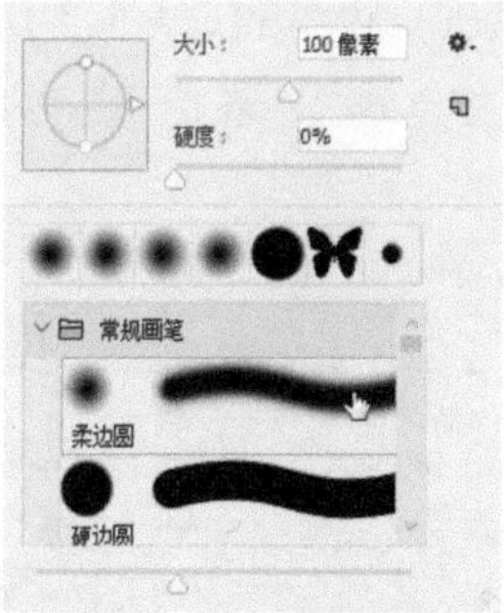

图6-65

图6-66

（7）按Ctrl+O组合键，打开学习资源中的“Ch06>素材>添加倒影>04”文件。选择“移动”工具，将04图像拖曳到01图像窗口中适当的位置并调整大小。在“图层”控制面板中生成新图层并将其命名为“手表2”。

（8）用步骤4~步骤6的方法制作出图6-67所示的效果。倒影添加完成。

图6-67

6.1.5 合成高清效果

为了吸引买家的注意，在商品图片中制作丰富的视觉效果很有必要。在合成电脑、电视等有屏幕的商品时，可以制作出呼之欲出的屏幕效果，来提升商品的魅力。

【案例知识要点】使用移动工具添加图片，使用多边形套索工具绘制选区，使用剪贴蒙版命令制作电视屏幕，使用图层样式制作阴影，使用文字工具和字符面板添加广告语，效果如图6-68所示。

图6-68

【素材所在位置】学习资源/Ch06/素材/合成高清效果/01～03。

【效果所在位置】学习资源/Ch06/效果/合成高清效果.psd。

（1）按Ctrl＋N组合键，新建一个文件，宽度为20cm，高度为10cm，分辨率为300像素/英寸，颜色模式为RGB，背景内容为白色，单击“确定”按钮。

（2）选择“渐变”工具，单击属性栏中的“点按可编辑渐变”按钮，弹出“渐变编辑器”对话框，将渐变颜色设为从白色到蓝灰色（其R、G、B的值分别为220、225、236），如图6-69所示，单击“确定”按钮。选中属性栏中的“径向渐变”按钮，按住Shift键的同时，在图像上由中心至右拖曳渐变色，效果如图6-70所示。

图6-69

图6-70

（3）按Ctrl+O组合键，打开学习资源中的"Ch06 > 素材 > 合成高清效果 > 01"文件，选择"移动"工具 ⊕，将图像拖曳到图像窗口中适当的位置，效果如图6-71所示。在"图层"控制面板中生成新图层并将其命名为"电视"。

图6-71

（4）选择"多边形套索"工具 ⊻，在图像窗口中沿着电视屏幕边缘绘制选区，如图6-72所示。按Ctrl+J组合键，将选区中的图像复制到新图层中并将其命名为"电视屏幕"。

图6-72

（5）按Ctrl+O组合键，打开学习资源中的"Ch06 > 素材 > 合成高清效果 > 02"文件。选择"移动"工具 ⊕，将02图像拖曳到图像窗口中适当的位置并调整大小，效果如图6-73所示。在"图层"控制面板中生成新图层并将其命名为"图片"。按Alt+Ctrl+G组合键，创建剪贴蒙版，图像效果如图6-74所示。

图6-73

图6-74

（6）按Ctrl+O组合键，打开学习资源中的"Ch06 > 素材 > 合成高清效果 > 03"文件。选择"移动"工具 ⊕，将03图像拖曳到图像窗口中适当的位置并调整大小，效果如图6-75所示。在"图层"控制面板中生成新图层并将其命名为"海豚"。

图6-75

（7）单击"图层"控制面板下方的"添加图层样式"按钮 ⨍，在弹出的菜单中选择"投影"命令，在弹出的对话框中进行设置，如图6-76所示，单击"确定"按钮，效果如图6-77所示。

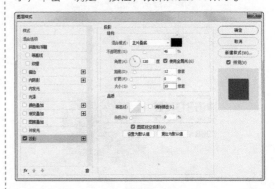

图6-76

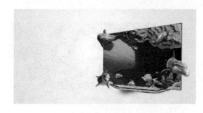

图6-77

（8）将前景色设为黑色。选择“横排文字”工具T，在适当的位置分别输入需要的文字并选取文字，在属性栏中分别选择合适的字体并设置大小，效果如图6-78所示。在“图层”控制面板中分别生成新的文字图层。

KY022059
冲击3D视野
十月金秋 震撼上市
3988元

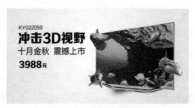

图6-78

（9）按住Shift键的同时，将文字图层同时选取。选择“窗口 > 字符”命令，弹出“字符”面板，选项的设置如图6-79所示，按Enter键确认操作，文字效果如图6-80所示。

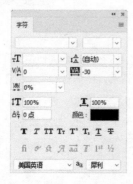

字符
(自动)
0
-30
0%
100%
100%
0点
颜色：
美国英语
犀利

图6-79

KY022059
冲击3D视野
十月金秋 震撼上市
3988元

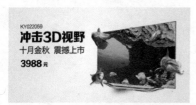

图6-80

（10）选择“横排文字”工具T，在适当的位置输入需要的文字并选取文字，在属性栏中选择合适的字体并设置大小，效果如图6-81所示。在“图层”控制面板中生成新的文字图层。在“字符”面板中进行设置，如图6-82所示，按Enter键确认操作，文字效果如图6-83所示。高清效果合成完成，效果如图6-84所示。

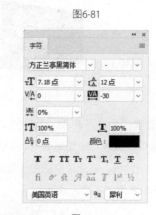

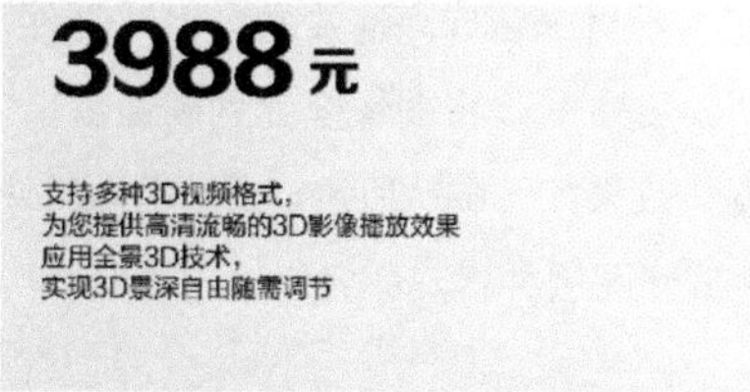
3988元
支持多种3D视频格式，
为您提供高清流畅的3D影像播放效果
应用全景3D技术，
实现3D景深自由随需调节

图6-81

字符
方正兰亭黑简体
-
7.18点
12点
0
-30
0%
100%
100%
0点
颜色：
美国英语
犀利

图6-82

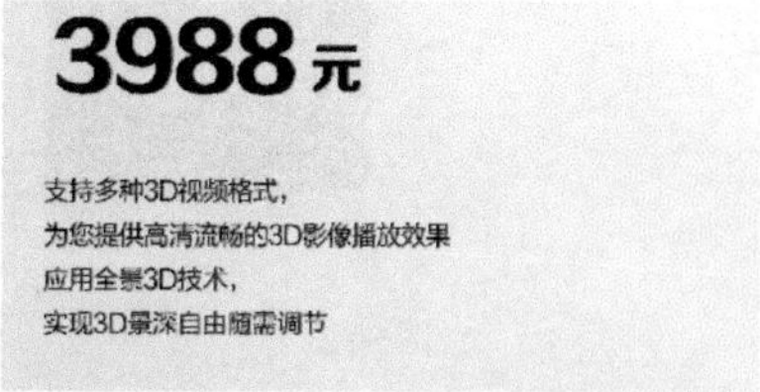
3988元
支持多种3D视频格式，
为您提供高清流畅的3D影像播放效果
应用全景3D技术，
实现3D景深自由随需调节

图6-83

KY022059
冲击3D视野
十月金秋 震撼上市
3988元

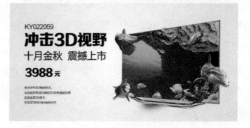

图6-84

6.1.6 合成服饰搭配

在商品详情页中添加与之搭配的商品，有可能实现捆绑销售，增加商品销售的概率。合理的排版也会提升商品魅力。

【案例知识要点】使用移动工具添加图片，使用高斯模糊滤镜命令制作底图，使用多边形套索工具绘制选区，使用剪贴蒙版命令添加人物，使用横排文字工具添加标题，效果如图6-85所示。

图6-85

【素材所在位置】学习资源/Ch06/素材/合成服饰搭配/01～11。

【效果所在位置】学习资源/Ch06/效果/合成服饰搭配.psd。

（1）按Ctrl＋N组合键，新建一个文件，宽度为10cm，高度为10cm，分辨率为300像素/英寸，颜色模式为RGB，背景内容为白色，单击"确定"按钮。按Ctrl＋O组合键，打开学习资源中的"Ch06 > 素材 > 合成服饰搭配 > 01"文件，选择"移动"工具 ⊕，将01图像拖曳到图像窗口中适当的位置并调整大小，效果如图6-86所示。在"图层"控制面板中生成新图层并将其命名为"底图"。

图6-86

（2）选择"滤镜 > 模糊 > 高斯模糊"命令，在弹出的对话框中进行设置，如图6-87所示，单击"确定"按钮，效果如图6-88所示。

图6-87

图6-88

（3）新建图层并将其命名为"色块"。将前景色设为白色。选择"多边形套索"工具 ⊽，按住Shift键的同时，在图像窗口中绘制选区，如图6-89所示。按Alt+Delete组合键，用前景色填充选区。按Ctrl+D组合键，取消选区，效果如图6-90所示。

图6-89　　　　　　　　图6-90

（4）按Ctrl＋O组合键，打开学习资源中的"Ch06 > 素材 > 合成服饰搭配 > 02"文件，选择"移动"工具 ⊕，将02图像拖曳到图像窗口中适当的位置并调整大小，效果如图6-91所示。

在"图层"控制面板中生成新图层并将其命名为"人物"。按Alt+Ctrl+G组合键，创建剪贴蒙版，效果如图6-92所示。

图6-91　　　　　　　　图6-92

（5）按Ctrl＋O组合键，打开学习资源中的"Ch06> 素材 > 合成服饰搭配 > 03、04、05和06"文件，选择"移动"工具 ⊕，分别将图片拖曳到图像窗口中适当的位置并调整大小，效果如图6-93所示。在"图层"控制面板中生成新图层并分别将其命名为"裙子""毛衣""包"和"高跟鞋"。

图6-93

（6）在"图层"控制面板中，按住Shift键的同时，将"高跟鞋"图层和"裙子"图层之间的所有图层同时选取，如图6-94所示。按Ctrl+G组合键，编组图层并将其命名为"服饰"，如图6-95所示。

图6-94

图6-95

（7）按Ctrl＋O组合键，打开学习资源中的"Ch06 > 素材 > 合成服饰搭配 > 07、08、09和10"文件，选择"移动"工具 ⊕，分别将图片拖曳到图像窗口中适当的位置并调整大小，效果如图6-96所示。在"图层"控制面板中生成新图层并将其分别命名为"腮红""手链""护肤品"和"香水"。

图6-96

（8）在"图层"控制面板中，按住Shift键的同时，将"香水"图层和"腮红"图层之间的所有图层同时选取，如图6-97所示。按Ctrl+G组合键，编组图层并将其命名为"配饰和化妆品"，如图6-98所示。

图6-97　　　　　　　　图6-98

（9）将前景色设为黑色。选择"横排文字"工具 T.，在适当的位置分别输入需要的文字并选取文字，在属性栏中分别选择合适的字体并设置大小，效果如图6-99所示。在"图层"控制面板中分别生成新的文字图层。

图6-99

（10）选取"RED&BLACK"文字图层。按Ctrl+T组合键，弹出"字符"面板，单击"仿斜体"按钮 T 和"仿粗体"按钮 T，倾斜并加粗文字，其他选项的设置如图6-100所示，按Enter键确定操作，效果如图6-101所示。

图6-100

图6-101

（11）选取"FA HION"文字图层。在"字符"面板中单击"仿粗体"按钮 T，将文字加粗，其他选项的设置如图6-102所示，按Enter键确定操作，效果如图6-103所示。使用相同方法设置其他文字，效果如图6-104所示。

图6-102

图6-103

图6-104

（12）按Ctrl＋O组合键，打开学习资源中的"Ch06 > 素材 > 合成服饰搭配 > 11"文件，选择"移动"工具 ⊕.，将图片拖曳到图像窗口中适当的位置并调整大小，如图6-105所示。在"图层"控制面板中生成新图层并将其命名为"玫瑰花"。

图6-105

（13）在"图层"控制面板中，按住Shift键的同时，将"玫瑰花"图层和"RED&BLACK"图层之间的所有图层同时选取，如图6-106所示。按Ctrl+G组合键，编组图层并将其命名为"标题"，如图6-107所示。合成服饰搭配完成，如图6-108所示。

图6-106

图6-107

图6-108

6.2 特效应用

为商品添加特效能够着重突出商品，增加画面的吸引力。

6.2.1 制作绚丽的斑耀效果

一些商品使用暗色调的背景，能营造出高端、深沉的感觉。但有时背景偏暗又会造成商品不突出的反效果，这时可以通过为商品添加绚丽的斑耀效果来突出主体，让商品更加耀眼。

【案例知识要点】使用填充命令和混合模式制作背景，使用混合模式、不透明度、图层蒙版和画笔工具制作斑耀和纹理，使用钢笔工具和高斯模糊滤镜命令制作形状，使用椭圆选框工具制作高光，效果如图6-109所示。

图6-109

【素材所在位置】学习资源/Ch06/素材/制作绚丽的斑耀效果/01～04。

【效果所在位置】学习资源/Ch06/效果/制作绚丽的斑耀效果.psd。

（1）按Ctrl＋N组合键，新建一个文件，宽度为6.8cm，高度为6.8cm，分辨率为300像素/英寸，颜色模式为RGB，背景内容为白色，单击"确定"按钮。将前景色设为暗蓝色（其R、G、B的值分别为5、25、64）。按Alt+Delete组合键，用前景色填充"背景"图层，如图6-110所示。

图6-110

（2）新建图层并将其命名为"色块"。将前景色设为黑色。按Alt+Delete组合键，用前景色填充图层，如图6-111所示。在"图层"控制面板上方，将该图层的混合模式选项设为"正片叠底"，如图6-112所示，图像效果如图6-113所示。

图6-111

图6-115

图6-112　　　　图6-113

（3）按Ctrl＋O组合键，打开学习资源中的"Ch06 > 素材 > 制作绚丽的斑耀效果 > 01"文件，选择"移动"工具，将01图片拖曳到图像窗口中适当的位置并调整大小，如图6-114所示。在"图层"控制面板中生成新图层并将其命名为"斑耀"。

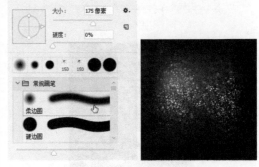

图6-116　　　　　　图6-117

（5）新建图层并将其命名为"形状"。选择"钢笔"工具，在属性栏的"选择工具模式"选项中选择"路径"，在图像窗口中绘制需要的路径，效果如图6-118所示。按Ctrl+Enter组合键，将路径转换为选区。按Alt+Delete组合键，用前景色填充图层，如图6-119所示。按Ctrl+D组合键，取消选区。

图6-114

（4）单击"图层"控制面板下方的"添加蒙版"按钮，为图层添加蒙版，如图6-115所示。选择"画笔"工具，在属性栏中单击"画笔"选项，弹出画笔选择面板，选择需要的画笔形状，设置如图6-116所示。在图像窗口中拖曳鼠标擦除不需要的图像，效果如图6-117所示。

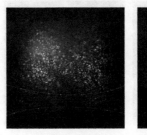 

图6-118　　　　图6-119

（6）选择"滤镜 > 模糊 > 高斯模糊"命令，在弹出的对话框中进行设置，如图6-120所示，单击"确定"按钮，效果如图6-121所示。

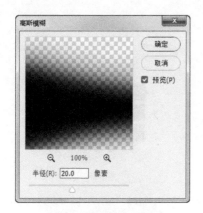

图6-120

图6-121

（7）新建图层并将其命名为"亮光"。将前景色设为白色。选择"椭圆选框"工具 ○.，在属性栏中将"羽化"选项设为25像素，在图像窗口中绘制选区，如图6-122所示。按Alt+Delete组合键，用前景色填充选区。按Ctrl+D组合键，取消选区，效果如图6-123所示。

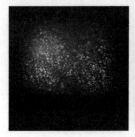
图6-122

图6-123

（8）在"图层"控制面板上方，将该图层的混合模式选项设为"叠加"，如图6-124所示，图像效果如图6-125所示。

图6-124

图6-125

（9）按Ctrl+O组合键，打开学习资源中的"Ch06 > 素材 > 制作绚丽的斑耀效果 > 02"文件，选择"移动"工具 ✛.，将02图片拖曳到图像窗口中适当的位置并调整大小，如图6-126所示。在"图层"控制面板中生成新图层并将其命名为"纹理"。

图6-126

（10）在"图层"控制面板上方，将该图层的混合模式选项设为"柔光"，"不透明度"选项设为69%，如图6-127所示，按Enter键确定操作，图像效果如图6-128所示。

图6-127

图6-128

（11）单击"图层"控制面板下方的"添加蒙版"按钮 ▣，为图层添加蒙版，如图6-129所示。选择"画笔"工具 ✎.，在属性栏中单击"画笔"选项，弹出画笔选择面板，选择需要的画笔形状，设置如图6-130所示。在图像窗口中拖曳鼠标擦除不需要的图像，效果如图6-131所示。

图6-129

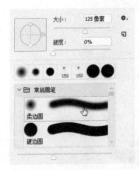

图6-130　　　　图6-131

（12）按Ctrl＋O组合键，打开学习资源中的"Ch06 > 素材 > 制作绚丽的斑耀效果 > 03、04"文件，选择"移动"工具，将03、04图片分别拖曳到图像窗口中适当的位置并调整大小，如图6-132所示。在"图层"控制面板中生成新图层并将其分别命名为"化妆品"和"光"。

（13）在"图层"控制面板中，将"光"图层拖曳到"化妆品"图层的下方，如图6-133所示，图像效果如图6-134所示。绚丽的斑耀效果制作完成。

图6-132

图6-133

图6-134

6.2.2　制作模拟小景深效果

商品清晰而背景模糊的商品图片可以让人的视线更容易集中在商品上，使商品自然而然地凸显，这就是小景深效果。小景深效果是指当焦距对准某一点时，其前后仍然清晰的范围，可以通过缩短摄距、拉长焦距或使用较大光圈来获得小景深效果。景深越小，主体和背景的距离就显得越远，背景的淡化效果就越强；景深越大，背景的淡化效果就越弱。在没有专业的摄影技术的情况下，使用Photoshop进行后期处理，也可以达到小景深效果。

【案例知识要点】使用高斯模糊滤镜命令制作模糊效果，使用图层蒙版、渐变工具和画笔工具擦除不需要的图像，效果如图6-135所示。

图6-135

【素材所在位置】学习资源/Ch06/素材/制作模拟小景深效果/01。

【效果所在位置】学习资源/Ch06/效果/制作模拟小景深效果.psd。

（1）按Ctrl＋O组合键，打开学习资源中的"Ch06 > 素材 > 制作模拟小景深效果 > 01"文件，如图6-136所示。将"背景"图层拖曳到"图层"控制面板下方的"创建新图层"按钮 上进行复制，生成新的图层"背景 拷贝"。

图6-136

（2）选择"滤镜 > 模糊 > 高斯模糊"命令，在弹出的对话框中进行设置，如图6-137所示，单击"确定"按钮，效果如图6-138所示。

图6-137

图6-138

（3）单击"图层"控制面板下方的"添加蒙

版"按钮 ，为图层添加蒙版，如图6-139所示。选择"渐变"工具 ，单击属性栏中的"点按可编辑渐变"按钮 ，弹出"渐变编辑器"对话框，将渐变色设为从黑色到白色，单击"确定"按钮。选中属性栏中的"径向渐变"按钮 ，在图像窗口中由中心向左上角拖曳渐变色，效果如图6-140所示。

图6-139

图6-140

（4）选择"画笔"工具 ，在属性栏中单击"画笔"选项，弹出画笔选择面板，选择需要的画笔形状，设置如图6-141所示。在图像窗口中拖曳鼠标擦除不需要的图像，效果如图6-142所示。模拟小景深效果制作完成。

图6-141

图6-142

6.2.3 制作萦绕的光线效果

在一些商品图片中，通常会添加带有光晕的线条来增加商品的时尚感。

【案例知识要点】使用移动工具添加图片，使用钢笔工具、描边路径命令和图层样式制作光线，使用图层蒙版和渐变工具制作光线渐隐效果，效果如图6-143所示。

【素材所在位置】学习资源/Ch06/素材/制作萦绕的光线效果/01～04。

【效果所在位置】学习资源/Ch06/效果/制作萦绕的光线效果.psd。

图6-143

（1）按Ctrl＋O组合键，打开学习资源中的"Ch06 > 素材 > 制作萦绕的光线效果 > 01"文件，如图6-144所示。单击"图层"控制面板下方的"创建新的填充或调整图层"按钮，在弹出的菜单中选择"色彩平衡"命令，在"图层"控制面板中生成"色彩平衡1"图层，同时弹出

"色彩平衡"面板，选项的设置如图6-145所示，按Enter键确定操作，效果如图6-146所示。

图6-144

图6-145　　　　　　图6-146

（2）单击"图层"控制面板下方的"创建新的填充或调整图层"按钮，在弹出的菜单中选择"色阶"命令，在"图层"控制面板中生成"色阶1"图层，同时弹出"色阶"面板，选项的设置如图6-147所示，按Enter键确定操作，效果如图6-148所示。

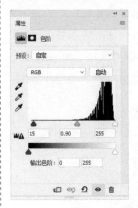

图6-147　　　　　　图6-148

（3）按Ctrl＋O组合键，打开学习资源中的"Ch06 > 素材 > 制作萦绕的光线效果 > 02"文

件，选择"移动"工具 ⊕，将02图片拖曳到01图像窗口中适当的位置并调整大小，如图6-149所示。在"图层"控制面板中生成新图层并将其命名为"装饰"。

图6-149

（4）在"图层"控制面板上方，将该图层的混合模式选项设为"颜色"，如图6-150所示，图像效果如图6-151所示。

图6-150　　　　图6-151

（5）按Ctrl＋O组合键，打开学习资源中的"Ch06 > 素材 > 制作萦绕的光线效果 > 03"文件，选择"移动"工具 ⊕，将03图像拖曳到01图像窗口中适当的位置并调整大小，如图6-152所示。在"图层"控制面板中生成新图层并将其命名为"项链"。

图6-152

（6）单击"图层"控制面板下方的"添加图层样式"按钮 ⨍，在弹出的菜单中选择"投影"命令，在弹出的对话框中进行设置，如图6-153所示，单击"确定"按钮，效果如图6-154所示。

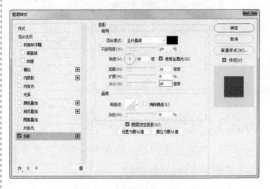

图6-153

图6-154

（7）单击"图层"控制面板下方的"创建新的填充或调整图层"按钮 ●，在弹出的菜单中选择"曲线"命令，在"图层"控制面板中生成"曲线1"图层，同时弹出"曲线"面板。单击 按钮，在曲线上单击添加控制点，将"输入"选项设为218，"输出"选项设为238；再次单击鼠标添加控制点，将"输入"选项设为95，"输出"选项设为82，如图6-155所示，按Enter键确定操作，效果如图6-156所示。

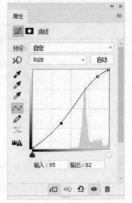

图6-155

图6-156

（8）新建图层。选择"钢笔"工具 ✐.，在属性栏的"选择工具模式"选项中选择"路径"，在图像窗口中绘制需要的路径，如图6-157所示。将前景色设为白色。选择"画笔"工具 ✎.，在属性栏中单击"画笔"选项，弹出画笔选择面板，选择需要的画笔形状，设置如图6-158所示。

图6-157

图6-158

（9）选择"路径选择"工具 ▸.，选择路径。在路径上单击鼠标右键，在弹出的菜单中选择"描边路径"命令，弹出"描边路径"对话框，设置如图6-159所示，单击"确定"按钮，效果如图6-160所示。按Enter键，隐藏路径。

图6-159

图6-160

（10）单击"图层"控制面板下方的"添加图层样式"按钮 fx.，在弹出的菜单中选择"外发光"命令，弹出对话框，将发光颜色设为黄色（其R、G、B的值分别为255、255、0），其他选项的设置如图6-161所示，单击"确定"按钮，效果如图6-162所示。

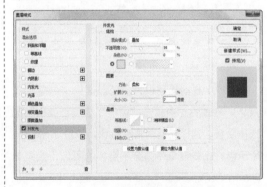

图6-161

图6-162

（11）使用相同方法制作其他光线，效果

如图6-163所示。在"图层"控制面板中，按住Ctrl键的同时，选择两个光线图层。按Ctrl+E组合键，合并图层并将其命名为"光线"，如图6-164所示。单击"图层"控制面板下方的"添加蒙版"按钮▫，为图层添加蒙版，如图6-165所示。

图6-163

图6-164

图6-165

（12）将前景色设为黑色。选择"画笔"工具 ✎，在属性栏中单击"画笔"选项，弹出画笔选择面板，选择需要的画笔形状，设置如图6-166所示。在图像窗口中擦除不需要的图像，效果如图6-167所示。

图6-166

图6-167

（13）按Ctrl＋O组合键，打开学习资源中的"Ch06 > 素材 > 制作萦绕的光线效果 > 04"文件，选择"移动"工具 ✛，将04图片拖曳到图像窗口中适当的位置并调整大小，如图6-168所示。在"图层"控制面板中生成新图层并将其命名为"logo"。萦绕的光线效果制作完成。

图6-168

6.2.4 制作火焰效果

在表现商品的特性时，采用夸张的手法可以很好地烘托气氛。在制作取暖类商品的商品图片效果时，添加火焰效果可以着重突出取暖类商品的升温速度，提高商品销售的概率。

【案例知识要点】使用移动工具添加图片，使用钢笔工具和渲染滤镜命令制作火焰，使用调整层、图层蒙版和画笔工具调整图像，如图6-169所示。

【**素材所在位置**】学习资源/Ch06/素材/制作火焰效果/01、02。

【**效果所在位置**】学习资源/Ch06/效果/制作火焰效果.psd。

图6-169

（1）按Ctrl＋N组合键，新建一个文件，宽度为15cm，高度为13cm，分辨率为300像素/英寸，颜色模式为RGB，背景内容为白色，单击"确定"按钮。将前景色设为黑色。按Alt+Delete组合键，用前景色填充"背景"图层，效果如图6-170所示。

图6-170

（2）按Ctrl＋O组合键，打开学习资源中的"Ch06 > 素材 > 制作火焰效果 > 01"文件，选择"移动"工具 ⊕ ，将图片拖曳到图像窗口中适当的位置并调整大小，效果如图6-171所示。在"图层"控制面板中生成新图层并将其命名为"底纹"。

图6-171

（3）按Ctrl＋O组合键，打开学习资源中的"Ch06 > 素材 > 制作火焰效果 > 02"文件，选择"移动"工具 ⊕ ，将图片拖曳到图像窗口中适当的位置并调整大小，效果如图6-172所示。在"图层"控制面板中生成新图层并将其命名为"电磁炉"。

图6-172

（4）新建图层并将其命名为"火焰"。选择"钢笔"工具 ⌀ ，在属性栏的"选择工具模式"选项中选择"路径"，在图像窗口中拖曳鼠标绘制路径，如图6-173所示。

图6-173

（5）选择"滤镜 > 渲染 > 火焰"命令，在弹出的对话框中进行设置，如图6-174所示，单击"确定"按钮，效果如图6-175所示。

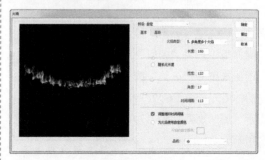

图6-174

图6-175

（6）新建图层并将其命名为"阴影"。选择"画笔"工具 ✎，在属性栏中单击"画笔"选项，弹出画笔选择面板，选择需要的画笔形状，设置如图6-176所示。在图像窗口中拖曳鼠标绘制图像，效果如图6-177所示。

图6-176

图6-177

（7）在"图层"控制面板中，将"阴影"图层拖曳到"火焰"图层的下方，如图6-178所示，图像效果如图6-179所示。

图6-178

图6-179

（8）选择"火焰"图层。按Ctrl+J组合键，复制图层，如图6-180所示。单击拷贝图层左侧的眼睛图标 👁，隐藏图层，如图6-181所示。

图6-180　　　　　　　　图6-181

（9）选择"火焰"图层。单击"图层"控制面板下方的"创建新的填充或调整图层"按钮 ◉，在弹出的菜单中选择"色阶"命令，在"图层"控制面板中生成"色阶1"图层，同时弹出"色阶"面板，单击 ⊞ 按钮，其他选项的设置如图6-182所示，按Enter键确认操作，效果如图6-183所示。

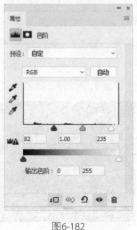

图6-182

图6-183

（10）选择"画笔"工具✐，在属性栏中单击"画笔"选项，弹出画笔选择面板，选择需要的画笔形状，设置如图6-184所示。在图像窗口中擦除不需要的图像，效果如图6-185所示。

图6-184

图6-185

（11）显示并选择"火焰 拷贝"图层。单击"图层"控制面板下方的"创建新的填充或调整图层"按钮●，在弹出的菜单中选择"色相/饱和度"命令，在"图层"控制面板中生成"色相/饱和度1"图层，同时弹出"色相/饱和度"面板，单击▣按钮，其他选项的设置如图6-186所示，按Enter键确认操作，效果如图6-187所示。

图6-186

图6-187

（12）选择"画笔"工具✐，在属性栏中单击"画笔"选项，弹出画笔选择面板，选择需要的画笔形状。在图像窗口中擦除不需要的图像，效果如图6-188所示。

图6-188

（13）单击"图层"控制面板下方的"创建新的填充或调整图层"按钮●，在弹出的菜单中选择"色相/饱和度"命令，在"图层"控制面板中生成"色相/饱和度2"图层，同时弹出"色相/饱和度"面板，选项的设置如图6-189所示，按Enter键确认操作，效果如图6-190所示。火焰效果制作完成。

图6-189

图6-190

6.2.5 制作闪烁点

在表现一些特殊材质的商品时，添加一些闪烁点通常可以使整体效果更为突出，也能突出商品特质。

【案例知识要点】使用移动工具添加图片，使用镜头光晕滤镜命令制作光晕效果，使用变换命令、图层蒙版和画笔工具制作阴影，使用画笔工具制作闪烁点，效果如图6-191所示。

图6-191

【素材所在位置】学习资源/Ch06/素材/制作闪烁点/01～03。

【效果所在位置】学习资源/Ch06/效果/制作闪烁点.psd。

（1）按Ctrl＋N组合键，新建一个文件，宽度为10cm，高度为12cm，分辨率为300像素/英寸，颜色模式为RGB，背景内容为白色，单击"确定"按钮。

（2）按Ctrl＋O组合键，打开学习资源中的"Ch06 > 素材 > 制作闪烁点 > 01"文件，选择"移动"工具 ，将图片拖曳到图像窗口中适当的位置并调整大小，效果如图6-192所示。在"图层"控制面板中生成新图层并将其命名为"底图"。

图6-192

（3）选择"滤镜 > 渲染 > 镜头光晕"命令，在弹出的对话框中进行设置，如图6-193所示，单击"确定"按钮，效果如图6-194所示。

图6-193

图6-194

（4）按Ctrl＋O组合键，打开学习资源中的"Ch06＞素材＞制作闪烁点＞02"文件，选择"移动"工具 ⊕，将图片拖曳到图像窗口中适当的位置并调整大小，效果如图6-195所示。在"图层"控制面板中生成新图层并将其命名为"云"。单击"图层"控制面板下方的"添加蒙版"按钮 ▣，为图层添加图层蒙版，如图6-196所示。

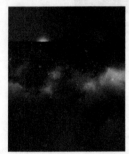

图6-195　　　　　图6-196

（5）将前景色设为黑色。选择"画笔"工具 ✐，在属性栏中单击"画笔"选项，弹出画笔选择面板，选择需要的画笔形状，设置如图6-197所示。在图像窗口中擦除不需要的图像，效果如图6-198所示。

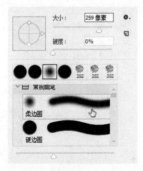

图6-197

图6-198

（6）按Ctrl＋O组合键，打开学习资源中的"Ch06＞素材＞制作闪烁点＞03"文件，选择"移动"工具 ⊕，将图片拖曳到图像窗口中适当的位置并调整大小，效果如图6-199所示。在"图层"控制面板中生成新图层并将其命名为"戒指"。

图6-199

（7）选择"滤镜＞渲染＞镜头光晕"命令，在弹出的对话框中进行设置，如图6-200所示，单击"确定"按钮，效果如图6-201所示。

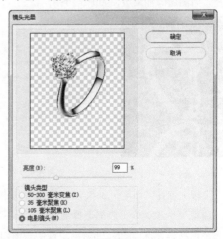

图6-200

图6-201

（8）按Ctrl+J组合键，复制图层，如图6-202所示。将其拖曳到"戒指"图层的下方，如图6-203所示。

图6-202　　　　　图6-203

（9）按Ctrl+T组合键，在图像周围出现变换框，单击鼠标右键，在弹出的菜单中选择"垂直翻转"命令，垂直翻转图像，并拖曳到适当的位置，按Enter键确认操作，效果如图6-204所示。单击"图层"控制面板下方的"添加蒙版"按钮■，为图层添加蒙版，如图6-205所示。

图6-204　　　　　图6-205

（10）选择"画笔"工具 ✐，在属性栏中单击"画笔"选项，弹出画笔选择面板，选择需要的画笔形状，设置如图6-206所示。在图像窗口中擦除不需要的图像，效果如图6-207所示。

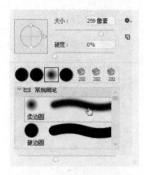

图6-206

图6-207

（11）选择"戒指"图层。新建图层并将其命名为"高光"。将前景色设为白色。选择"画笔"工具 ✐，单击属性栏中的"切换画笔设置面板"按钮☑，弹出"画笔设置"控制面板，设置如图6-208所示，在图像窗口中多次单击鼠标绘制高光，效果如图6-209所示。

图6-208

图6-209

（12）选择"横排文字"工具 **T.**，在适当的位置分别输入需要的文字并选取文字，在属性栏中分别选择合适的字体并设置大小，效果如图6-210所示。在"图层"控制面板中分别生成新的文字图层。

图6-210

（13）按住Shift键的同时，将文字图层同时选取。选择"窗口 > 字符"命令，弹出"字符"面板，选项的设置如图6-211所示，按Enter键确认操作，文字效果如图6-212所示。闪烁点制作完成，效果如图6-213所示。

图6-211

图6-212

图6-213

6.3　课后习题1——制作光晕效果

【**习题知识要点**】使用渐变工具制作背景，使用移动工具添加图片，使用椭圆工具、属性控制面板和图层混合模式制作光晕，使用椭圆工具和高斯模糊滤镜制作圆形光晕效果，使用变换命令和图层蒙版制作倒影，使用图层样式制作香水瓶光晕，效果如图6-214所示。

【**素材所在位置**】学习资源/Ch06/素材/课后习题1/01~03。

【**效果所在位置**】学习资源/Ch06/效果/课后习题1.psd。

图6-214

【习题知识要点】使用移动工具添加素材图片，使用蒙版擦除不需要的图像，使用调整图层调整商品色调，使用文字工具添加文字，效果如图6-215所示。

【素材所在位置】学习资源/Ch06/素材/课后习题2/01～04。

【效果所在位置】学习资源/Ch06/效果/课后习题2.psd。

图6-215

第 7 章

网店首页各模块的设计

本章介绍

　　本章详细介绍了网店首页中各模块的设计规范与设计技巧。通过对本章的学习，读者可以了解并掌握使用Photoshop设计制作网店首页各个模块的方法和技巧。

学习目标

◆ 了解店招与导航条的设计方法。

◆ 熟练掌握首页海报的设计技巧。

◆ 掌握页中分类引导的设计方法。

◆ 掌握商品陈列展示区的设计技巧。

◆ 了解客服区的设计方法。

◆ 了解收藏区的设计技巧。

◆ 了解页尾的设计方法。

网店首页作为一个网店的门面，其整体形象直接影响到买家的购物体验，同时也影响到商品的价值呈现。一个经过精心设计的网店首页不仅可以传达网店的品牌风格，还可以提升买家对店铺的信任。首页是由多个模块组成的，常用的模块包括店招、导航条、首页海报、页中分类引导、商品陈列展示区、客服区、收藏区以及页尾。

7.1　店招与导航条的设计

店招就是网店的店铺招牌，位于店铺首页的顶端，是买家进入店铺后看到的第一个模块，它起到让买家明确店铺的名称和销售的商品，了解店铺最新动态的作用。而导航条则是店铺的指路明灯，用文字来显示商品分类，让买家可以快速地浏览到所需要的商品。它位于店招的下方，与店招紧密相连。图7-1所示为不同网店的店招与导航条。

珠宝饰品网店店招和导航条

家居饰品网店店招和导航条

图7-1

7.1.1　店招与导航条的设计规范

1. 尺寸与格式

网店专业版店招的尺寸为950×120像素，默认导航条的尺寸为950×30像素。另外还有一种网店智能版店招，它在专业版店招的尺寸上加了一个1920×150像素的不平铺的背景图，以此来达到宽屏店招的效果，如图7-2所示。

店招的格式为JPEG或GIF格式，其中GIF格式就是带有Flash效果的动态店招。

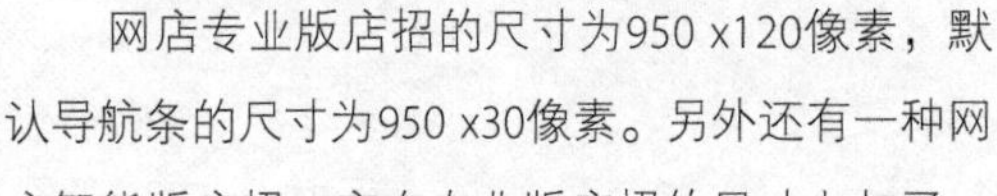

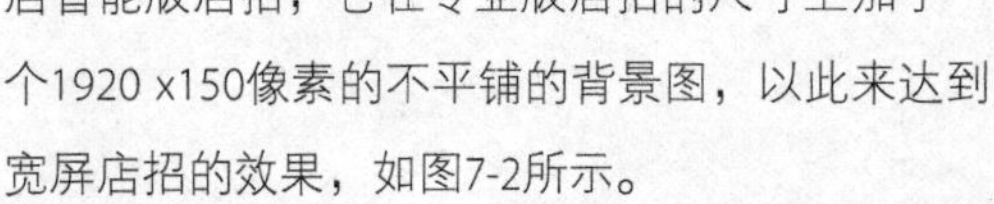

专业版店招

图7-2

智能版全屏店招

图7-2（续）

2. 店招与导航条所包含的内容

一般店招中包含店铺名称、店铺LOGO、广告商品图片、醒目的广告语、促销活动信息以及收藏按钮和关注按钮等，还可以添加关键字搜索框等内容。导航条所容纳的分类文字组为8~10个，在导航条中也可以添加搜索框，便于买家操作。但在设计时，并不是要将所有的内容都展示到店招中，通常会将店铺的名称、LOGO进行重点展示，而将其他元素进行省略，这样能让店铺的名称更加突出。如图7-3所示。

化妆品网店店招和导航条

母婴用品网店店招和导航条

图7-3

7.1.2　店招与导航条的视觉设计

店招不是一般的图案设计，它代表了一个

品牌，也代表了一种艺术。一个好的店招除了给人传达明确的信息外，还要传达出店铺的经营理念，突出经营特色，具有艺术感染力，增强店铺的认知度，让买家快速记忆。在设计时，店招要根据店铺销售的商品和店铺整体风格进行设计，字体、颜色、图形图案等视觉元素的装点在风格上要和谐统一，既要美观又要有个性且充满创意。

清晰、大方、个性化的店铺名称，可以给买家留下深刻的印象。在设计店铺名称时可以运用修饰元素对其进行美化，或通过不同字体和字号的组合来营造艺术感，还可以添加特效来突出店铺名称的特殊性和醒目度，让它变得与众不同。如图7-4所示。

男装网店店招和导航条

女装网店店招和导航条

图7-4

导航条不需要特别的创意设计，只要清晰显眼，在文字和背景颜色的搭配上能够形成鲜明的对比，具有较好的可读性即可。

7.1.3　店招和导航条设计案例

【案例知识要点】使用图层控制面板、渐变工具和画笔工具为图片添加合成效果，使用横排文字工具和字符面板添加店招相关信息，效果如图7-5所示。

【素材所在位置】学习资源/Ch07/素材/手表店招和导航条/01~06。

【效果所在位置】学习资源/Ch07/效果/手表店招和导航条.psd。

图7-5

（1）按Ctrl+O组合键，打开学习资源中的"Ch07 >素材>手表店招和导航条>01"文件，如图7-6所示。

图7-6

（2）新建图层并将其命名为"渐变"。选择"渐变"工具 ，单击属性栏中的"点按可编辑渐变"按钮 ，弹出"渐变编辑器"对话框，将渐变颜色设为从蓝黑色（其R、G、B的值分别为0、6、18）到黑灰色（其R、G、B的值分别为0、17、48），如图7-7所示，单击"确定"按钮。按住Shift键的同时，在图像上由上至下拖曳渐变色，效果如图7-8所示。

图7-7

图7-8

（3）在"图层"控制面板上方，将该图层的"不透明度"选项设为58%，如图7-9所示，按Enter键确定操作，图像效果如图7-10所示。

（4）按Ctrl+O组合键，打开学习资源中的"Ch07>素材>手表店招和导航条>02"文件，选择"移动"工具 ，将02图片拖曳到图像窗口中适当的位置并调整大小，如图7-11所示。在"图层"

控制面板中生成新图层并将其命名为"地面"。

图7-9

图7-10

图7-11

（5）单击"图层"控制面板下方的"添加蒙版"按钮▣，为图层添加蒙版，如图7-12所示。选择"渐变"工具▣，单击属性栏中的"点按可编辑渐变"按钮▮▮▮▮ ✓，弹出"渐变编辑器"对话框，将渐变颜色设为从黑色到白色，单击"确定"按钮。在图片上从上向下拖曳渐变色，效果如图7-13所示。

图7-12

图7-13

（6）按Ctrl＋O组合键，打开学习资源中的"Ch07 > 素材 > 手表店招和导航条 > 03"文件，

选择"移动"工具✛，将03图片拖曳到图像窗口中适当的位置并调整大小，如图7-14所示。在"图层"控制面板中生成新图层并将其命名为"图片"。

图7-14

（7）在"图层"控制面板上方，将该图层的混合模式选项设为"明度"，如图7-15所示，图像效果如图7-16所示。

图7-15

图7-16

（8）单击"图层"控制面板下方的"添加蒙版"按钮▣，为图层添加蒙版。将前景色设为黑色。选择"画笔"工具✐，在属性栏中单击"画笔"选项，弹出画笔选择面板，选择需要的画笔形状，设置如图11-17所示。在图像窗口中拖曳鼠标擦除不需要的图像，效果如图11-18所示。

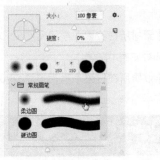

图7-17

图7-18

（9）新建图层组并将其命名为"标"。按Ctrl+O组合键，打开学习资源中的"Ch07 > 素材 > 手表店招和导航条 > 04"文件，选择"移动"工具，将04图片拖曳到图像窗口中适当的位置并调整大小，如图7-19所示。在"图层"控制面板中生成新图层并将其命名为"标志"。

图7-19

（10）将前景色设为白色。选择"横排文字"工具，在适当的位置分别输入需要的文字并选取文字，在属性栏中分别选择合适的字体并设置大小，效果如图7-20所示。在"图层"控制面板中分别生成新的文字图层。

图7-20

（11）将前景色设为红色（其R、G、B的值分别为195、0、6）。选择"圆角矩形"工具，在属性栏中的"选择工具模式"选项中选择"形状"，"半径"选项设为8像素，在图像窗口中拖曳鼠标绘制圆角矩形，效果如图7-21所示。

图7-21

（12）将前景色设为白色。选择"自定形状"工具，在属性栏中单击"形状"选项，弹出形状面板，选择需要的图形，如图7-22所示。在属性栏的"选择工具模式"选项中选择"形状"，在图像窗口中拖曳鼠标绘制图形，效果如

图7-23所示。

图7-22

图7-23

（13）选择"横排文字"工具，在适当的位置输入需要的文字并选取文字，在属性栏中选择合适的字体并设置大小，效果如图7-24所示。在"图层"控制面板中生成新的文字图层。单击"标"图层组左侧的图标，隐藏图层。

图7-24

（14）将前景色设为蓝黑色（其R、G、B的值分别为8、24、43）。选择"矩形"工具，在属性栏的"选择工具模式"选项中选择"形状"，在图像窗口中拖曳鼠标绘制矩形，效果如图7-25所示。

图7-25

（15）将前景色设为白色。选择"横排文字"工具，在适当的位置输入需要的文字并选取文字，在属性栏中选择合适的字体并设置大小，按Alt+向右方向键，调整文字到适当的间距，效果如图7-26所示。在"图层"控制面板中生成新的文字图层。

图7-26

（16）新建图层并将其命名为"线条"。选择"直线"工具 ✐，在属性栏的"选择工具模式"选项中选择"像素"，按住Shift键的同时，在图像窗口中拖曳鼠标绘制直线，效果如图7-27所示。

图7-27

（17）选择"移动"工具 ✛，按住Alt +Shift键的同时，多次水平向右拖曳直线到适当的位置，复制直线，效果如图7-28所示。

图7-28

（18）按Ctrl＋O组合键，打开学习资源中的"Ch07 > 素材 > 手表店招和导航条 > 05"文件，选择"移动"工具 ✛，将05图片拖曳到图像窗口中适当的位置并调整大小，如图7-29所示，在"图层"控制面板中生成新图层并将其命名为"手表1"。

图7-29

（19）新建图层组并将其命名为"文字"。选择"横排文字"工具 T，在适当的位置分别输入需要的文字并选取文字，在属性栏中分别选择合适的字体并设置大小，效果如图7-30所示。在"图层"控制面板中分别生成新的文字图层。选择"3148"文字图层。选择"窗口 > 字符"命令，弹出"字符"面板，选项的设置如图7-31所示，按Enter键确认操作，文字效果如图7-32所示。

图7-30

图7-31

图7-32

（20）将前景色设为红色（其R、G、B的值分别为195、0、6）。选择"圆角矩形"工具 ▢，在图像窗口中拖曳鼠标绘制圆角矩形，效果如图7-33所示。将前景色设为白色。选择"横排文字"工具 T，在适当的位置输入需要的文字并选取文字，在属性栏中选择合适的字体并设置大小，效果如图7-34所示。在"图层"控制面板中生成新的文字图层。单击"文字"图层组左侧的 ⌄ 图标，隐藏图层。

图7-33　　　　　　　图7-34

（21）按Ctrl＋O组合键，打开学习资源中的"Ch07 > 素材 > 手表店招和导航条 > 06"文件，选择"移动"工具 ✛，将06图片拖曳到图像窗口中适当的位置并调整大小，如图7-35所示。在"图层"控制面板中生成新图层并将其命名为"手表2"。选择"文字"图层组。按住Alt键的同时，拖曳文字到适当的位置，复制文字，效果如图7-36所示。

图7-35

图7-36

（22）选择"横排文字"工具 T.，分别选取并修改文字，效果如图7-37所示。手表店招和导航条制作完成。

图7-37

7.2　首页海报的设计

店铺首页的海报相当于实体店铺中的展示橱窗，主要用于品牌宣传、新品上架、单品推广或者活动促销。位于网店导航条下方，占用面积较大，视觉冲击力强，能够激发买家的购物欲望。如图7-38所示。

图7-38

7.2.1　首页海报的设计规范

在网店专业版中首页海报的宽度为950像素，在网店智能版中其宽度为1920像素。无论哪个版本对高度都没有特别的限制，但通常都不超过600像素。

有的店铺的海报采用若干张图片轮播形式循环播放，首页海报轮播最多不要超过5个，内容要直观、简单，轮播的速度不宜过快，以便于顾客能够看清楚广告的所有信息。

7.2.2　首页海报的视觉设计

1．主题

每张海报都要具备三个元素，那就是合理的背景、精心编排的文案和商品信息。因此在设计制作每张海报之前必须要有一个明确的主题。不同的内容主题是不一样的，其设计的重点也就不同，只有确定了主题后才能围绕着这个主题进行各种元素的设计。比如以单品推广为主要内容的海报，设计时就应该以要推广的这款商品形象为重点表现对象，如图7-39所示。比如以春装上市为主要内容的海报，在设计时海报的配色和装饰元素就要紧扣"春季"这个主题，如图7-40所示。

图7-39

图7-40

海报的主题是以商品形象加上简洁的文字描

述来体现的，应将主题内容放置在海报最醒目的位置上，一目了然。

2. 构图

在设计海报时，版式的平衡感非常总要，通过文字和图片之间的组合与编排，使海报获得好的视觉效果，同时突出主体，可以提高传达商品信息的效果。

左右构图

左右构图是最常见的排版形式，分为左图右文和左文右图，图片和文字各占海报同等面积，这种构图平衡感很强，显得非常稳重，如图7-41所示。

图7-41

三分式构图

三分式构图是两边为图片，中间为文字的排版形式。两边的图片大小可以是相同的，也可以不同。一般会采用一大一小，这样可以突出主次，避免过于呆板、严谨。这种构图形式常见于多模特的海报中，如图7-42所示。

图7-42

上下构图分为上图下字和上字下图两种排版形式，如图7-43所示。

图7-43

3. 字体

海报中的文案分为主标题、副标题和说明性文字，设计时利用文字的字号、粗细和字体进行主次区分，通常使用字号较粗大的文字来突出主标题，副标题适当小些，而说明性文字的字号最小。在文字之间的组合编排上可以将主、副标题和说明性文字分成段落，并注意段落文字之间的间隔距离，段间距要大于行间距，给买家一个整齐有序、清晰分明的阅读体验，如图7-44所示。

图7-44

海报中的字体不宜超过三种,不要有过多的描边，也不要使用与主体风格不一致的字体。字体尽量使用简体字，只有在中式风格的店铺中才可以使用繁体字。

4. 色彩

协调的色彩搭配可以给海报营造出一种氛围。不同的配色可以表现不同的风格。对重要的文字信息可以用高亮醒目的颜色加以突出、强调。图7-45所示为一个家居网店的海报设计，主色调为淡蓝色，搭配简约的家具元素，给人温和轻快的印象，营造出轻松舒适的氛围，而灰色的文字又与主题相呼应。

图7-45

7.2.3 首页海报设计案例

【**案例知识要点**】使用移动工具添加素材图片，使用矩形选框工具和椭圆工具绘制阴影，使用图层样式为图片添加特殊效果，使用矩形工具、横排文字工具、直排文字工具和字符面板制作品牌及活动信息，效果如图7-46所示。

【**素材所在位置**】学习资源/Ch07/素材/首页海报/01~07。

【**效果所在位置**】学习资源/Ch07/效果/首页海报.psd。

图7-46

（1）按Ctrl+N组合键，新建一个文件，宽度为1920像素，高度为800像素，分辨率为300像素/英寸，颜色模式为RGB，背景内容为白色，单击"确定"按钮。

（2）按Ctrl+O组合键，打开学习资源中的"Ch07 > 素材 > 首页海报 > 01、02"文件，选择"移动"工具 ✛，将图片分别拖曳到新建图像窗口中适当的位置，效果如图7-47所示。在"图层"控制面板中生成新的图层并分别将其命名为"墙面"和"地板"。

图7-47

（3）将前景色设为蓝白色（其R、G、B的值分别为242、254、254）。选择"矩形"工具 ▭，在属性栏的"选择工具模式"选项中选择"形状"，在图像窗口中拖曳鼠标绘制矩形，效果如图7-48所示。

图7-48

（4）在"图层"控制面板上方，将该图层的混合模式选项设为"正片叠底"，如图7-49所示，图像效果如图7-50所示。

图7-49

图7-50

（5）将前景色设为浅蓝色（其R、G、B的值分别为223、250、253）。选择"矩形"工具 ▢，在图像窗口中拖曳鼠标绘制矩形，效果如图7-51所示。

图7-51

（6）在"图层"控制面板上方，将该图层的混合模式选项设为"正片叠底"，如图7-52所示，图像效果如图7-53所示。

图7-52

图7-53

（7）按Ctrl+O组合键，打开学习资源中的"Ch07 > 素材 > 首页海报 > 03"文件，选择"移动"工具 ⊕，将图片拖曳到新建图像窗口中适当的位置，效果如图7-54所示。在"图层"控制面板中生成新的图层并将其命名为"沙发"。

（8）新建图层并将其命名为"阴影1"。将前景色设为黑色。选择"矩形选框"工具 ▢，在属性栏中将"羽化"选项设为40像素，在图像窗口中拖曳鼠标绘制选区，如图7-55所示。按

Alt+Delete组合键，用前景色填充选区，效果如图7-56所示。按Ctrl+D组合键，取消选区。

图7-54

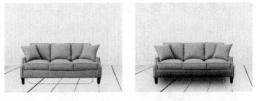

图7-55   图7-56

（9）将"阴影1"图层拖曳到"沙发"图层的下方，效果如图7-57所示。用相同的方法绘制另一个阴影，效果如图7-58所示。

图7-57   图7-58

（10）新建图层并将其命名为"阴影3"。选择"椭圆选框"工具 ○，在属性栏中选中"添加到选区"按钮 ◙，将"羽化"选项设为7像素，在图像窗口中拖曳鼠标绘制多个选区，如图7-59所示。

（11）按Alt+Delete组合键，用前景色填充选区。按Ctrl+D组合键，取消选区。将"阴影3"图层拖曳到"阴影2"图层的下方，效果如图7-60所示。

图7-59

图7-60

（12）按Ctrl+O组合键，打开学习资源中的"Ch07 > 素材 > 首页海报 > 04"文件，选择"移动"工具⊕，将图片拖曳到新建图像窗口中适当的位置，效果如图7-61所示。在"图层"控制面板中生成新的图层并将其命名为"小圆桌"。

图7-61

（13）新建图层并将其命名为"阴影4"。选择"椭圆选框"工具○，在属性栏中将"羽化"选项设为7像素，在图像窗口中拖曳鼠标绘制选区，如图7-62所示。按Alt+Delete组合键，用前景色填充选区。按Ctrl+D组合键，取消选区，效果如图7-63所示。将"阴影4"图层拖曳到"小圆桌"图层的下方，效果如图7-64所示。

图7-62

图7-63

图7-64

（14）用相同的方法添加衣架并制作阴影，效果如图7-65所示。按Ctrl+O组合键，打开学习资源中的"Ch07 > 素材 > 首页海报 > 06"文件，选择"移动"工具⊕，将图片拖曳到新建图像窗口中适当的位置，效果如图7-66所示。在"图层"控制面板中生成新的图层并将其命名为"挂画"。

图7-65

图7-66

（15）单击"图层"控制面板下方的"添加图层样式"按钮fx，在弹出的菜单中选择"投影"命令，在弹出的对话框中进行设置，如图7-67所示，单击"确定"按钮，效果如图7-68所示。

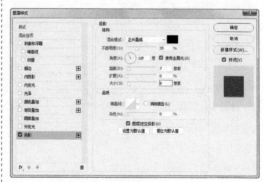

图7-67

图7-68

（16）单击"图层"控制面板下方的"创建新的填充或调整图层"按钮 ●，在弹出的菜单中选择"自然饱和度"命令，在"图层"控制面板生成"自然饱和度1"图层，同时弹

图7-69

出"自然饱和度"面板，选项的设置如图7-69所示，按Enter键确认操作，图像效果如图7-70所示。

图7-70

（17）单击"图层"控制面板下方的"创建新的填充或调整图层"按钮 ●，在弹出的菜单中选择"照片滤镜"命令，在"图层"控制面板生成"照片滤镜1"图层，同时弹出"照

图7-71

片滤镜"面板，将"滤镜"选项设为青色，其他选项的设置如图7-71所示，按Enter键确认操作，图像效果如图7-72所示。

图7-72

（18）选择"矩形"工具 □，在属性栏的"选择工具模式"选项中选择"形状"，将"填充"选项设为无，"描边"颜色设为灰色（其R、G、B的值分别为75、75、75），"描边宽度"选项设为0.6点，在图像窗口中拖曳鼠标绘制矩形，效果如图7-73所示。

图7-73

（19）在"图层"控制面板上方，将该图层的"不透明度"选项设为60%，如图7-74所示，按Enter键确定操作，图像效果如图7-75所示。

图7-74

图7-75

（20）选择"移动"工具 ⊕，按住Alt键的同时，将矩形拖曳到适当的位置，复制矩形。选择"矩形"工具 ▢，在属性栏中将"描边宽度"选项设为1点，效果如图7-76所示。在"图层"控制面板上方，将该图层的"不透明度"选项设为70%，如图7-77所示，按Enter键确定操作，图像效果如图7-78所示。

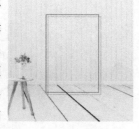

图7-76

图7-77

图7-78

（21）将前景色设为灰色（其R、G、B的值分别为75、75、75）。选择"横排文字"工具 T，在适当的位置分别输入需要的文字并选取文字，在属性栏中分别选择合适的字体并设置大小，效果如图7-79所示。在"图层"控制面板中分别生成新的文字图层。

图7-79

（22）按住Shift键的同时，将文字图层同时选取。选择"窗口 > 字符"命令，弹出"字符"面板，选项的设置如图7-80所示，按Enter键确认操作，文字效果如图7-81所示。

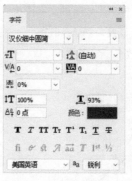

图7-80

图7-81

（23）选择"简约 人生"文字图层。在"字符"面板中进行设置，如图7-82所示，按Enter键确认操作，文字效果如图7-83所示。

图7-82

图7-83

（24）选择"任何一个空间……"文字图层。在"字符"面板中进行设置，如图7-84所示，按Enter键确认操作，文字效果如图7-85所示。

图7-84

图7-85

（25）选择"直排文字"工具 IT，在适当的位置输入需要的文字并选取文字，在属性栏中选择合适的字体并设置大小，效果如图7-86所示。在"图层"控制面板中生成新的文字图层。在"字符"面板中进行设置，如图7-87所示，按Enter键确认操作，文字效果如图7-88所示。

图7-86

图7-87

图7-88

（26）按Ctrl+O组合键，打开学习资源中的"Ch07 > 素材 > 首页海报 > 07"文件，选择"移动"工具 ⊕，将图片拖曳到新建图像窗口中适当的位置，效果如图7-89所示。在"图层"控制面板中生成新的图层并将其命名为"花瓶"。首页海报制作完成。

图7-89

7.3 页中分类引导设计

当首页的商品很多时，除了导航条之外，通常还会在页面的中部、底部等位置添加分类引导，根据店铺的活动和商品种类等进行归类放置，如图7-90所示。页中分类引导可以帮助买家提炼店铺信息，快速找到自己所需要的商品，提高买家的访问效率。

图7-90

7.3.1 页中分类引导设计规范

页中分类引导的宽度为950像素或1920像素，高度随意。页中分类引导分为两种形式，一

种是以纯文字的形式分类，文字在编排上要有主次之分，排列整齐，如图7-91所示。另一种是以图文并茂的形式分类，画面色调、图形元素要与店铺的整体风格统一。图片的选择与图片中的文字要能突出分类的特点，如图7-92所示。

图7-91

图7-92

图7-92（续）

7.3.2　页中分类引导设计案例

【案例知识要点】使用矩形工具绘制产品分类框架，使用移动工具添加素材图片，使用横排文字工具添加分类文字，效果如图7-93所示。

【素材所在位置】学习资源/Ch07/素材/页中分类引导/01~05。

【效果所在位置】学习资源/Ch07/效果/页中分类引导.psd。

图7-93

（1）按Ctrl+N组合键，新建一个文件，宽度为950像素，高度为158像素，分辨率为300像素/英寸，颜色模式为RGB，背景内容为白色，单击"确定"按钮。

（2）将前景色设为红色（其R、G、B的值分别为221、16、0）。选择"矩形"工具 □，在属性栏的"选择工具模式"选项中选择"形状"，在图像窗口中分别绘制矩形，如图7-94所示。

图7-94

（3）将前景色设为白色。选择"横排文字"工具 T，在适当的位置分别输入需要的文字并选取文字，在属性栏中分别选择合适的字体并设置大小，按Alt+向左方向键，分别调整文字到适当

的间距，效果如图7-95所示。在"图层"控制面板中分别生成新的文字图层。

图7-95

（4）新建图层组。按Ctrl+O组合键，打开学习资源中的"Ch07 > 素材 > 页中分类引导 > 01"文件，选择"移动"工具 ⊕，将图片拖曳到图像窗口中适当的位置并调整大小，效果如图7-96所示。在"图层"控制面板中生成新图层并将其命名为"高级硬箱"。

图7-96

（5）将前景色设为红色（其R、G、B的值分别为221、16、0）。选择"横排文字"工具 T，在适当的位置输入需要的文字并选取文字，在属性栏中选择合适的字体并设置大小，按Alt+向左方向键，调整文字适当的间距，效果如图7-97所示。在"图层"控制面板中生成新的文字图层。

图7-97

（6）选择"自定形状"工具 ⊿，在属性栏中单击"形状"选项，弹出形状面板，单击面板右上方的按钮 ✿，在弹出的菜单中选择"箭头"选项，弹出提示对话框，单击"追加"按钮。在"形状"面板中选择需要的图形，如图7-98所示。在属性栏的"选择工具模式"选项中选择"形状"，在图像窗口中拖曳鼠标绘制图形，如图7-99所示。

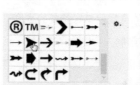

图7-98

图7-99

（7）选择"椭圆"工具 ○，在属性栏的"选择工具模式"选项中选择"形状"，将"填充"颜色设为无，"描边"颜色设为红色（其R、G、B的值分别为221、16、0），"描边宽度"选项设为0.15点。按住Shift键的同时，在图像窗口中拖曳鼠标绘制图形，效果如图7-100所示。

（8）选择"直线"工具 ╱，将"粗细"选项设为1 px，按住Shift键的同时，在图像窗口中绘制直线，效果如图7-101所示。

图7-100　　　　　　　图7-101

（9）使用相同的方法制作其他部分，效果如图7-102所示。页中分类引导制作完成。

图7-102

7.4　商品陈列展示区的设计

商品陈列展示区是首页最重要的模块，占据页面很大的比重，它是用来宣传和展示商品的，可以帮助买家快速地了解店铺中商品的形象、风格和价格，以提高买家的购买欲，如图7-103所示。

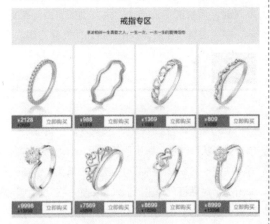

图7-103

7.4.1　商品陈列展示区的设计规范

商品陈列展示区的宽度要与导航条的宽度一致，但其高度没有特殊限制。价格的写法要统一，价格和购买按钮要突出显示。商品陈列展示时，类别分类要明确，同类商品放在同一个展区内。

7.4.2　商品陈列展示区的布局方式

布局设计是影响商品陈列展示区整个版式的关键，也是确立整个首页风格的关键。根据商品的功能、外形特点以及设计风格对商品陈列区的布局进行归纳总结，可归纳出四种较为常见的布局方式，分别为主次分明型布局、折线型布局、随意型布局和等距等大的方块式布局。

1. 主次分明型布局

主次分明型布局多用于主推商品或者爆款商品，可以做到重点突出，主次分明，如图7-104所示。

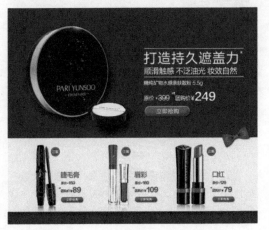

图7-104

2. 折线型布局

折线型布局可以使买家的视线沿着商品照片折线运动，具有韵律感。但是这种布局所占的空间比较大，只适合在商品种类较少时使用，如图7-105所示。

图7-105

3. 随意型布局

随意型布局就是将商品随意地摆放在页面中，营造出一种轻松购物的氛围。这种布局，在摆放商品时为了在视觉上有和谐一感，要尽可能将同一类商品或有关联的商品放在一起。有关商品的信息描述和价格必须与商品对应，避免混淆，如图7-106所示。

图7-106

4. 等距等大方块型布局

当商品较多时，可以将商品类别分清楚，同一系列的商品放在一个区域内，以九宫格的形式呈现，这种布局陈列整齐统一，中规中矩，如图7-107所示。

图7-107

7.4.3　商品陈列展示区设计案例

【案例知识要点】使用矩形工具和图案叠加命令制作底纹效果，使用属性面板调整矩形角，使用横排文字工具添加产品相关信息，效果如图7-108所示。

【素材所在位置】学习资源/Ch07/素材/商品陈列展示区/01~09。

【效果所在位置】学习资源/Ch07/效果/商品陈列展示区.psd。

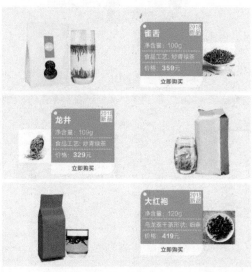

图7-108

（1）按Ctrl+N组合键，新建一个文件，宽度为950像素，高度为960像素，分辨率为300像素/英寸，颜色模式为RGB，背景内容为白色，单击"确定"按钮。

（2）新建图层组并将其命名为"商品1"。将前景色设为浅灰色（其R、G、B的值分别为245、243、246）。选择"矩形"工具 □，在属性栏的"选择工具模式"选项中选择"形状"，在图像窗口中绘制矩形，如图7-109所示。

图7-109

（3）单击"图层"控制面板下方的"添加图层样式"按钮 ƒ，在弹出的菜单中选择"图案叠加"命令，弹出对话框，单击图案缩览图，弹出图案选择面板，单击面板右上方的按钮 ✿，在弹出的菜单中选择"彩色纸"命令，弹出提示对话框，单击"追加"按钮。在图案选择面板选中需要的图案，如图7-110所示。返回到"图案叠加"对话框，其他选项的设置如图7-111所示，单击"确定"按钮，效果如图7-112所示。

图7-110

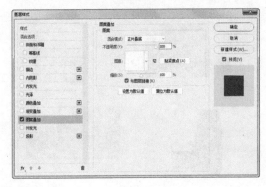

图7-111

图7-112

（4）按Ctrl+O组合键，打开学习资源中的"Ch07 > 素材 > 商品陈列展示区 > 01、02、03"文件，选择"移动"工具 ✛，将图片分别拖曳到图像窗口中适当的位置并调整大小，效果如图7-113所示。在"图层"控制面板中生成新图层分别将其命名为"茶1""茶2"和"茶3"。

图7-113

（5）将前景色设为绿色（其R、G、B的值分别为94、166、18）。选择"矩形"工具 □，在图像窗口中绘制矩形，如图7-114所示。

图7-114

（6）选择"窗口 > 属性"命令，在弹出的"属性"面板中进行设置，如图7-115所示，按Enter键确定操作，效果如图7-116所示。

图7-115

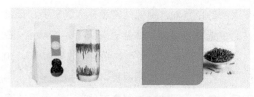

图7-116

（7）将前景色设为白色。选择"矩形"工具 ▢，在图像窗口中绘制矩形，如图7-117所示。单击"图层"控制面板下方的"添加图层样式"按钮 ƒx，在弹出的菜单中选择"图案叠加"命令，弹出对话框，单击图案缩览图，在弹出的面板中选择需要的图案，如图7-118所示。返回到"图案叠加"对话框，其他选项的设置如图7-119所示，单击"确定"按钮，效果如图7-120所示。

图7-117

图7-118

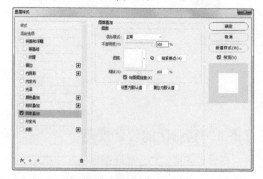

图7-119

图7-120

（8）按Alt+Ctrl+G组合键，创建剪贴蒙版，效果如图7-121所示。将前景色设为白色。选择"椭圆"工具 ⬭，在属性栏的"选择工具模式"选项中选择"形状"，按住Shift键的同时，在图像窗口中绘制圆形，如图7-122所示。

图7-121　　　　　　　　图7-122

（9）选择"矩形"工具 ▢，在图像窗口中绘制矩形，如图7-123所示。将前景色设为绿色（其R、G、B的值分别为94、166、18）。选择"横排文字"工具 T，在适当的位置分别输入需要的文字并选取文字，在属性栏中分别选择合适的字体并设置大小，按Alt+向右方向键，分别调整文字到适当的间距，效果如图7-124所示。在"图层"控制面板中分别生成新的文字图层。

图7-123　　　　　　　　图7-124

（10）将前景色设为白色。在适当的位置分别输入需要的文字并选取文字，在属性栏中分别选择合适的字体并设置大小，按Alt+向右方向键，分别调整文字到适当的间距，效果如图7-125所示。在"图层"控制面板中分别生成新的文字图层。选取文字"359"，在属性栏中选择合适的字体并设置大小，效果如图7-126所示。

图7-125　　　　　　　　图7-126

（11）新建图层并将其命名为"虚线"。选择"画笔"工具 ✐，单击属性栏中的"切换画笔设置面板"按钮 ☑，弹出"画笔设置"控制面板，设置如图7-127所示。按住Shift键的同时，在图像窗口中拖曳鼠标绘制虚线，效果如图7-128所示。

图7-127

（12）选择"移动"工具 ✥，按住Alt+Shift组合键的同时，在图像窗口中将虚线拖曳到适当的位置，复制虚线，效果如图7-129所示。

图7-128　　　　　图7-129

（13）将前景色设为暗绿色（其R、G、B的值分别为45、88、0）。选择"横排文字"工具 T.，

在适当的位置输入需要的文字并选取文字，在属性栏中选择合适的字体并设置大小，按Alt+向右方向键，调整文字到适当的间距，效果如图7-130所示。在"图层"控制面板中分别生成新的文字图层。使用相同的方法制作其他部分，效果如图7-131所示。陈列展示区制作完成。

图7-130

图7-131

7.5　客服区的设计

网店客服区是买家与卖家进行沟通交流的入口，客服人员就好比是实体店中的售货员，承担着为买家提供售前咨询和售后保障服务的工作，以提高成交率和买家的回头率，如图7-132所示。

图7-132

7.5.1　客服区的设计规范

在设计客服区时，旺旺图标的尺寸宽高都是16像素；如果旺旺图标前添加了"和我联系"的字样，那么图标的尺寸宽为77像素，高为19像素。

很多网店为了凸显店铺的服务品质，会在首页的多个区域添加客服，以方便买家及时联系客服人员。比如在侧边栏添加客服区，如图7-133所示。或者在页尾添加客服区，将客服与质保、服务信息组合在一起，如图7-134所示。

图7-133

图7-134

7.5.2 客服区的创意表现

客服区分为两种，一种是淘宝系统自带的，如图7-135所示，这一种视觉效果相对偏弱。另一种是自行设计的，可以根据店铺的风格进行个性化设计，并根据需要调整客服的数量例如有些店铺会使用一些卡通的头像，或者真实的人物头像来对客服形象进行美化，拉近客服与买家之间的距离，如图7-136所示。

图7-135

图7-136

7.5.3 客服区设计案例

【案例知识要点】使用图案叠加命令制作背景底纹，使用椭圆工具、创建剪贴蒙版命令制作图片的蒙版效果，使用横排文字工具添加客服信息文字，效果如图7-137所示。

【素材所在位置】学习资源/Ch07/素材/客服区/01~09。

【效果所在位置】学习资源/Ch07/效果/客服区.psd。

图7-137

（1）按Ctrl+N组合键，新建一个文件，宽度为950像素，高度为200像素，分辨率为300像素/英寸，颜色模式为RGB，背景内容为白色，单击"确定"按钮。

（2）选择"油漆桶"工具 ，在属性栏中选择"图案"，单击右侧的 按钮，弹出图案选择面板，单击面板右上方的按钮 ，在弹出的菜单中选择"彩色纸"命令，弹出提示对话框，单击"追加"按钮。在图案选择面板选中需要的图案，如图7-138所示。在图像窗口中单击填充背景图层，效果如图7-139所示。

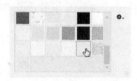

图7-138

图7-139

（3）将前景色设为深灰色（其R、G、B的值分别为46、44、55）。选择"椭圆"工具 ，在属性栏的"选择工具模式"选项中选择"形状"，按住Shift键的同时，在图像窗口中绘制圆形，如图7-140所示。

图7-140

（4）选择"横排文字"工具 **T.**，在适当的位置输入需要的文字并选取文字，在属性栏中选择合适的字体并设置大小，效果如图7-141所示。在"图层"控制面板中生成新的文字图层。

图7-141

（5）选择"椭圆1"图层。选择"移动"工具 **+.**，按住Alt+Shift组合键的同时，将图形拖曳到图像窗口中适当的位置，复制图形，如图7-142所示。

图7-142

（6）按住Ctrl键的同时，将除"背景"图层外的所有图层同时选取。按住Alt+Shift组合键的同时，将图形和文字拖曳到图像窗口中适当的位置，复制图形和文字，效果如图7-143所示。选择"横排文字"工具 **T.**，选取并修改文字，效果如图7-144所示。

图7-143

图7-144

（7）新建图层组。将前景色设为白色。选择"椭圆"工具 **○.**，按住Shift键的同时，在图像窗口中绘制圆形，如图7-145所示。

图7-145

（8）单击"图层"控制面板下方的"添加图层样式"按钮 **fx.**，在弹出的菜单中选择"描边"命令，弹出对话框，将描边颜色设为白色，其他选项的设置如图7-146所示；选择"投影"命令，切换到相应的对话框，设置如图7-147所示，单击"确定"按钮，效果如图7-148所示。

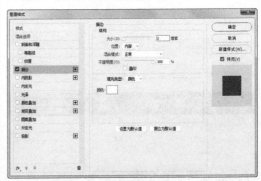

图7-146

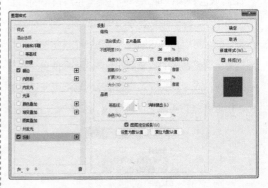

图7-147

图7-148

（9）按Ctrl+O组合键，打开学习资源中的

"Ch07>素材>客服区>01"文件，选择"移动"工具 ⊕，将人物图片拖曳到图像窗口中适当的位置并调整大小，效果如图7-149所示。在"图层"控制面板中生成新图层并将其命名为"人物1"。

图7-149

（10）按Alt+Ctrl+G组合键，创建剪贴蒙版，效果如图7-150所示。

图7-150

（11）按Ctrl+O组合键，打开学习资源中的"Ch07>素材>客服区>02"文件，选择"移动"工具 ⊕，将图片拖曳到图像窗口中适当的位置，效果如图7-151所示。在"图层"控制面板中生成新图层并将其命名为"旺旺"。

（12）将前景色设为灰色（其R、G、B的值分别为132、132、132）。选择"横排文字"工具 T，在适当的位置输入需要的文字并选取文字，在属性栏中选择合适的字体并设置大小，按Alt+向左方向

键，适当地调整文字间距，效果如图7-152所示。在"图层"控制面板中生成新的文字图层。

图7-151　　　　图7-152

（13）使用相同的方法添加其他图片并制作客服信息，如图7-153所示。

图7-153

（14）选择"横排文字"工具 T，在适当的位置输入需要的文字并选取文字，在属性栏中选择合适的字体并设置大小，按Alt+向左方向键，适当地调整文字间距，效果如图7-154所示。在"图层"控制面板中生成新的文字图层。客服区制作完成。

图7-154

7.6 ▶ 收藏区的设计

收藏区是让买家将感兴趣的店铺添加到收藏夹中，以便再次访问时可以很容易地找到，这样可以增加顾客回头率。

7.6.1 收藏区的设计规范

收藏区的设计比较随意自由，可以直接设计在网店的店招中，如图7-155所示；也可以单独添加在首页的其他位置，如页尾或页中分类导航的位置，如图7-156和图7-157所示。

图7-155

图7-156

图7-157

收藏区在设计时通常由"收藏本店"或"收藏店铺"的文字和某个装饰形状组合而成，如图7-158所示，也有的是由简单的文字和广告语组成的，如图7-159所示。但无论怎样设计，风格都要与整个店铺的装修风格相一致。

图7-158　　　　　　　图7-159

7.6.2 收藏区设计案例

【案例知识要点】使用绘图工具、横排文字工具和不透明度选项制作收藏区内容，效果如图7-160所示。

【效果所在位置】学习资源/Ch07/效果/收藏区.psd。

图7-160

（1）按Ctrl+N组合键，新建一个文件，宽度为1000像素，高度为1000像素，分辨率为300像素/英寸，颜色模式为RGB，背景内容为白色，单击"确定"按钮。

（2）选择"椭圆"工具 ○，在属性栏的"选择工具模式"选项中选择"形状"，将"填充"颜色设为橄榄绿色（其R、G、B的值分别为91、115、

0），"描边"颜色设为无，按住Shift键的同时，在图像窗口中绘制一个圆形，如图7-161所示。

（3）将前景色设为白色。选择"横排文字"工具 T.，在圆形上输入需要的文字并选取文字，在属性栏中选择合适的字体并设置大小，效果如图7-162所示，在"图层"控制面板中生成新的文字图层。

图7-161　　　　　　　图7-162

（4）在"图层"控制面板上方，将"藏"文字图层的"不透明度"选项设为20%，如图7-163所示，按Enter键确定操作，图像效果如图7-164所示。

图7-163　　　　　　　图7-164

（5）选择"横排文字"工具 T.，在适当的位置输入需要的文字并选取文字，在属性栏中选择合适的字体并设置大小，效果如图7-165所示。在"图层"控制面板中生成新的文字图层。

图7-165

（6）选择"矩形"工具 □，在属性栏中的

"选择工具模式"选项中选择"形状",将"填充"颜色设为白色,"描边"颜色设为无,在图像窗口中绘制一个矩形,如图7-166所示。

图7-166

（7）在"图层"控制面板上方,将"矩形1"图层的"不透明度"选项设为50%,如图7-167所示,按Enter键确定操作,图像效果如图7-168所示。

（8）选择"矩形"工具□,在属性栏中将"填充"颜色设为无,"描边"颜色设为橄榄绿色（其R、G、B的值分别为91、115、0）,"描边宽度"选项设为0.8点,在图像窗口中绘制一个矩形,如图7-169所示。

图7-167

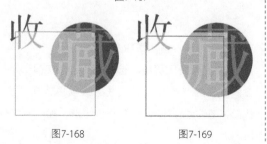

图7-168　　　　　　图7-169

（9）选择"横排文字"工具 T.,在适当的位置分别输入需要的文字并选取文字,在属性栏中分别选择合适的字体并设置大小,效果如图7-170所示。在"图层"控制面板中分别生成新的文字图层。

（10）选择"直线"工具 /.,在属性栏中将"填充"颜色设为无,"描边"颜色设为橄榄绿色（其R、G、B的值分别为91、115、0）,"描边宽度"设为3点,在图像窗口中绘制一条斜线,效果如图7-171所示。

图7-170　　　　　　图7-171

（11）选择"矩形"工具□,在属性栏中将"填充"颜色设为无,"描边"颜色设为橄榄绿色（其R、G、B的值分别为91、115、0）,"描边宽度"设为0.8点,在图像窗口中绘制一个矩形,如图7-172所示。

（12）选择"横排文字"工具 T.,在适当的位置输入需要的文字并选取文字,在属性栏中选择合适的字体并设置大小,效果如图7-173所示。在"图层"控制面板中生成新的文字图层。收藏区制作完成。

图7-172　　　　　　图7-173

7.7　页尾设计

页尾对于店铺来说非常重要，是和买家进行告别的区域，在装修时不能忽视了对页尾的设计。一个设计精彩的页尾可以吸引更多的点击量，收藏的买家也会增多。

7.7.1　页尾设计的设计规范

页尾在首页的最底部位置，通常使用简短的文字加上代表性的图标来传达信息。如图7-174所示。

图7-174

页尾包含的信息量非常多，比如希望买家能够再次光临本店，因此通常会在页尾添加店铺收藏和分享店铺键接模块。为了给买家提供方便，并且让买家多在店铺中逗留一会儿，还会在页尾添加底部导航、返回顶部按钮、在线客服等模块。为了体现店铺的服务质量，减少买家对常见问题的咨询量，会添加发货须知、买家必读、购物流程、品质保证等信息模块。如图7-175所示。

图7-175

7.7.2　页尾设计的设计案例

【案例知识要点】使用矩形选框工具和斜切命令制作倾斜效果，使用移动工具添加素材图片，使用横排文字工具添加相关信息，效果如图7-176所示。

【素材所在位置】学习资源/Ch07/素材/页尾/01～08。

【效果所在位置】学习资源/Ch07/效果/页尾.psd。

图7-176

（1）按Ctrl+N组合键，新建一个文件，宽度为950像素，高度为375像素，分辨率为300像素/英寸，颜色模式为RGB，背景内容为白色，单击"确定"按钮。将前景色设为象牙黄色（其R、G、B的值分别为242、239、232）。按Alt+Delete组合键，用前景色填充"背景"图层，效果如图7-177所示。

图7-177

（2）新建图层组。选择"矩形"工具□，在属性栏的"选择工具模式"选项中选择"形状"，在图像窗口中绘制一个矩形，如图7-178所示。

图7-178

（3）单击"图层"控制面板下方的"添加图层样式"按钮 fx.，在弹出的菜单中选择"投影"命令，在弹出的对话框中进行设置，如图7-179所示，单击"确定"按钮，效果如图7-180所示。

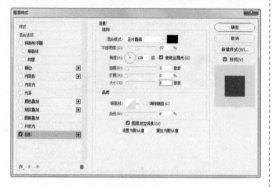

图7-179

图7-180

（4）按Ctrl+O组合键，打开学习资源中的"Ch07 > 素材 > 页尾 > 01"文件，选择"移动"工具 ⊕，将家居图片拖曳到图像窗口中适当的位置，效果如图7-181所示，在"图层"控制面板中生成新的图层并将其命名为"图片"。

图7-181

（5）按Alt+Ctrl+G组合键，创建剪贴蒙版，

效果如图7-182所示。

图7-182

（6）将前景色设为蓝黑色（其R、G、B的值分别为50、55、73）。选择"横排文字"工具 T.，在适当的位置输入需要的文字并选取文字，在属性栏中选择合适的字体并设置大小，效果如图7-183所示。在"图层"控制面板中生成新的文字图层。选取文字"关注微信微博 享优惠"，设置文字颜色为暗棕色（其R、G、B的值分别为96、86、86），填充文字，效果如图7-184所示。

图7-183

图7-184

（7）单击"图层"控制面板下方的"添加图层样式"按钮 fx.，在弹出的菜单中选择"描边"命令，弹出对话框，将描边颜色设为白色，其他选项的设置如图7-185所示，单击"确定"按钮，效果如图7-186所示。

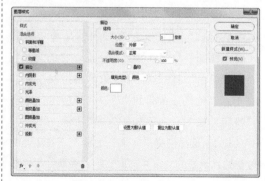

图7-185

图7-186

（8）新建图层组。选择"矩形"工具
□，在属性栏中将"填充"选项设为无，
"描边"选项设为暗棕色（其R、G、B的值分别
为96、86、86），"描边宽度"设为0.25点，
在图像窗口中绘制矩形，如图7-187所示。

图7-187

（9）按Ctrl+O组合键，打开学习资源中的
"Ch07 > 素材 > 页尾 > 02"文件，选择"移动"
工具 ⊕，将图片拖曳到图像窗口中适当的位
置，效果如图7-188所示。在"图层"控制面
板中生成新的图层并将其命名为"标1"。

图7-188

（10）单击"图层"控制面板下方的"添
加图层样式"按钮 fx，在弹出的菜单中选择
"颜色叠加"命令，弹出对话框，将描边颜色
设为暗灰色（其R、G、B的值分别为96、86、
86），其他选项的设置如图7-189所示，单击
"确定"按钮，效果如图7-190所示。

（11）选择"横排文字"工具 T，在适当的
位置输入需要的文字并选取文字，在属性栏中选
择合适的字体并设置大小，效果如图7-191所示。

在"图层"控制面板中生成新的文字图层。

图7-189

图7-190 图7-191

（12）选择"窗口 > 字符"命令，弹出"字
符"面板，选项的设置如图7-192所示，按Enter
键确认操作，文字效果如图7-193所示。选择"直
线"工具 ／，将"粗细"选项设为1像素，按住
Shift键的同时，在图像窗口中绘制竖线，效果如
图7-194所示。

图7-192

图7-193 图7-194

（13）使用相同的方法添加其他图片并制作售后信息，如图7-195所示。单击"组2"图层组左侧的 ∨ 图标，将图层组中的图层隐藏。

图7-195

（14）选择"矩形"工具 □，在属性栏中将"填充"选项设为蓝黑色（其R、G、B的值分别为50、55、73），"描边"选项设为无，在图像窗口中绘制矩形，如图7-196所示。

图7-196

（15）按Ctrl+O组合键，打开学习资源中的"Ch07 > 素材 > 页尾 > 07、08"文件，选择"移动"工具 ⊕，将图片分别拖曳到图像窗口中适当的位置，效果如图7-197所示。在"图层"控制面板中分别生成新图层并将其命名为"家具标志"和"返回首页"。页尾设计完成。

图7-197

7.8 ▶ 课后习题1——制作茶叶店招和导航条

【习题设计要点】以茶叶为素材，设计一个茶叶网店的店招和导航条。画面要求包含网店名称、广告语、优惠券、导航条，以现实照片为底，搭配红色，体现出自然、健康、新鲜的特色，具体效果如图7-198所示。

【习题知识要点】使用图层控制面板和渐变工具为图片添加合成效果，使用横排文字工具添加店招相关信息。

【素材所在位置】学习资源/Ch07/素材/课后习题1/01～05。

【效果所在位置】学习资源/Ch07/效果/课后习题1.psd。

图7-198

【**习题设计要点**】以童装为素材，要求设计一个用于秋季新品上市的活动海报，主色调为淡蓝色，搭配五颜六色小的装饰元素，给人温和轻快的视觉效果，营造出轻松愉悦的氛围，使用明亮的黄色突出低价、直降的活动信息，具体效果如图7-199所示。

图7-199

【**习题知识要点**】使用移动工具添加素材图片，使用图层样式为图片添加特殊效果，使用圆角矩形工具、直线工具和横排文字工具制作品牌及活动信息。

【**素材所在位置**】学习资源/Ch07/素材/课后习题2/01～09。

【**效果所在位置**】学习资源/Ch07/效果/课后习题2.psd。

第 8 章

网店首页整体设计

本章介绍

　　本章将以服装类网店和化妆品类网店为例，详细讲解使用 Photoshop制作网店首页的方法与技巧。学完本章内容，要能够掌握网店首页的制作方法和设计思路。

学习目标

◆ 熟练掌握服装类网店首页的设计与制作方法。

◆ 掌握化妆品类网店首页的设计与制作技巧。

8.1 服装类网店首页的设计与制作

8.1.1 案例分析

本案例是为一家女装专卖店设计淘宝店铺首页。店主要求首页的展示以服装为主,搭配少量的鞋包等配饰,主要内容包括店招、导航条、首页海报、商品分类、新品上架专区、热销单品专区、店铺收藏以及页尾导航等。店铺所销售服饰的受众群体为年轻女性,在设计风格上要求表现出现代时尚的视觉效果。

1. 设计要点

在设计网店首页时,根据客户的需求先构思出一个大体的布局框架。将首页海报采用了通栏布局,这样十分醒目,并且显得大气。为了营造出轻松的购物环境,将商品分类使用左图右文的方式进行布局,并且将模特完全分离,突出模特,显得随意自由。而展示区的商品陈列也做了个性化设计,呈现出商品的诱惑力。如图8-1所示。

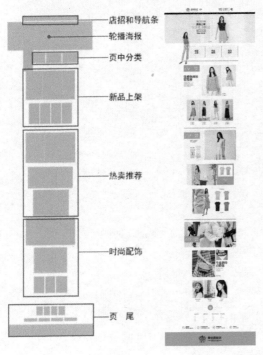

图8-1

左侧标注:
- 店招和导航条
- 轮播海报
- 页中分类
- 新品上架
- 热卖推荐
- 时尚配饰
- 页 尾

2. 配色方案

该店铺首页设计以灰、白搭配绿色为主要颜色。绿色作为醒目的颜色,只限在需要买家留心的文字和区域分隔线及边框使用,用来吸引买家的视线。绿色是一种新鲜鲜活的色彩,能够使买家在购物时始终保持愉悦的心情。画面给人的感觉非常柔和,不会显得突兀刺眼,整个首页色彩既和谐又有对比。案例配色如图8-2所示。

R255,G255,B255	R246,G255,B231	R229,G230,B227	R28,G187,B149	R0,G0,B0
C0,M0,Y0,K0	C7,M0,Y15,K0	C12,M9,Y11,K0	C72,M1,Y54,K0	C93,M88,Y89,K80

图8-2

8.1.2 案例制作

1. 制作店招和导航条

(1)按Ctrl+N组合键,新建一个文件,宽度为1920像素,高度为6984像素,分辨率为72像素/英寸,颜色模式为RGB,背景内容为白色,单击"确定"按钮。

(2)新建图层组并将其命名为"店招和导航条"。将前景色设为黑色。选择"矩形"工具□,在属性栏的"选择工具模式"选项中选择"形状",在图像窗口中绘制矩形,如图8-3所示。在"图层"控制面板中生成新的形状图层并将其命名为"导航条"。

图8-3

（3）选择"自定形状"工具 ，单击"形状"选项，弹出"形状"面板，单击面板右上方的按钮 ，在弹出的菜单中选择"装饰"命令，弹出提示对话框，单击"追加"按钮。在"形状"面板中选中图形"装饰5"，如图8-4所示。在属性栏的"选择工具模式"选项中选择"形状"，在图像窗口中绘制图形，如图8-5所示。

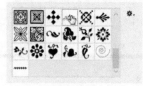

图8-4

图8-5

（4）选择"横排文字"工具 ，在适当的位置分别输入需要的文字并选取文字，在属性栏中分别选择合适的字体并设置大小，效果如图8-6所示。在"图层"控制面板中分别生成新的文字图层。

图8-6

（5）选择"矩形"工具 ，在图像窗口中绘制一个矩形，如图8-7所示。在"图层"控制面板中生成新的形状图层"矩形2"。

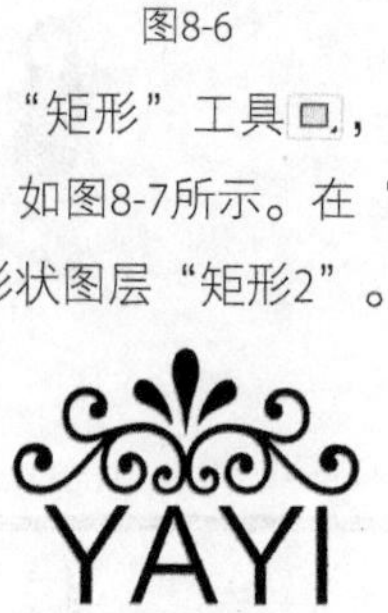

图8-7

（6）选择"移动"工具 ，按住Alt+Shift组合键的同时，在图像窗口中将复制的矩形拖曳到

适当的位置，效果如图8-8所示。使用相同的方法制作网店名称，如图8-9所示。

图8-8

图8-9

（7）将前景色设为深绿色（其R、G、B的值分别为23、144、115）。选择"圆角矩形"工具 ，在属性栏的"选择工具模式"选项中选择"形状"，将"半径"选项设为8 px，在图像窗口中绘制圆角矩形，如图8-10所示。

图8-10

（8）将前景色设为白色。选择"横排文字"工具 ，在适当的位置输入需要的文字并选取文字，在属性栏中选择合适的字体并设置大小，效果如图8-11所示。在"图层"控制面板中生成新的文字图层。

（9）将前景色设为深绿色（其R、G、B的值分别为23、144、115）。选择"横排文字"工具 ，在适当的位置输入需要的文字并选取文字，在属性栏中选择合适的字体并设置大小，效果如图8-12所示。在"图层"控制面板中生成新的文字图层。

图8-11

图8-12

（10）将前景色设为黑色。选择"横排文

字”工具T.，在适当的位置分别输入需要的文字并选取文字，在属性栏中选择合适的字体并设置大小，效果如图8-13所示。在“图层”控制面板中生成新的文字图层。

图8-13

（11）选择“矩形”工具□，在图像窗口中绘制一个矩形，如图8-14所示。使用相同的方法制作“新品上架”，如图8-15所示。

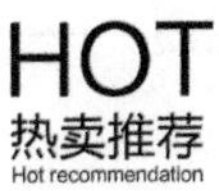
HOT
热卖推荐
Hot recommendation

图8-14

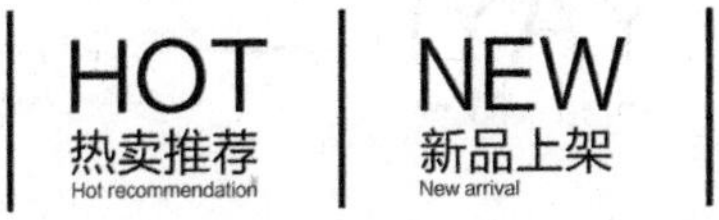
HOT
热卖推荐
Hot recommendation
NEW
新品上架
New arrival

图8-15

（12）选择“横排文字”工具T.，在适当的位置分别输入需要的文字并选取文字，在属性栏中分别选择合适的字体并设置大小，效果如图8-16所示。在“图层”控制面板中分别生成新的文字图层。

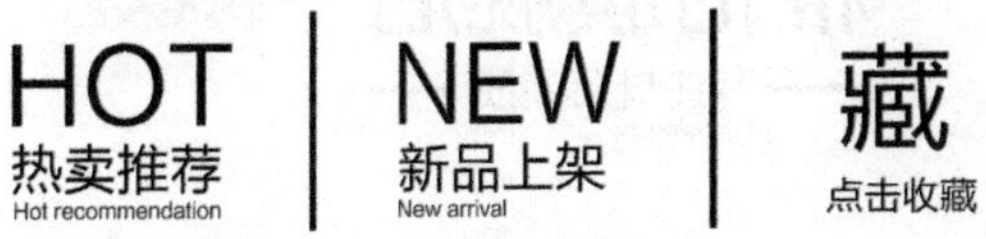
HOT
热卖推荐
Hot recommendation
NEW
新品上架
New arrival
藏
点击收藏

图8-16

（13）选择“椭圆”工具○，在属性栏的“选择工具模式”选项中选择“形状”，将“填充”颜色设为无，“描边”颜色设为黑色，“描边宽度”设为2点，按住Shift键的同时，在图像窗口中绘制圆形，如图8-17所示。

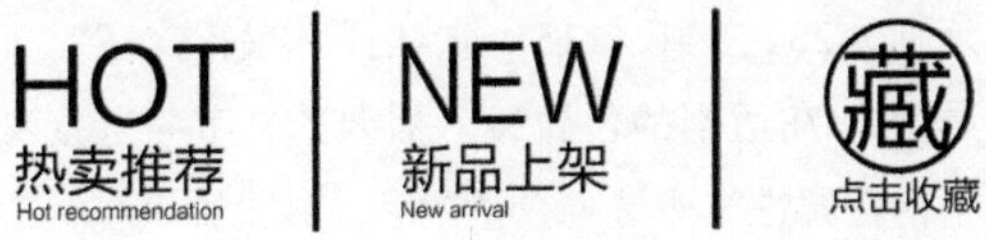
HOT
热卖推荐
Hot recommendation
NEW
新品上架
New arrival
藏
点击收藏

图8-17

（14）将前景色设为白色。选择“横排文字”工具T.，在适当的位置输入需要的文字并选取文字，在属性栏中选择合适的字体并设置大小，效果如图8-18所示。在“图层”控制面板中生成新的文字图层。单击“店招和导航条”图层组左侧的∨图标，将图层组中的图层隐藏。

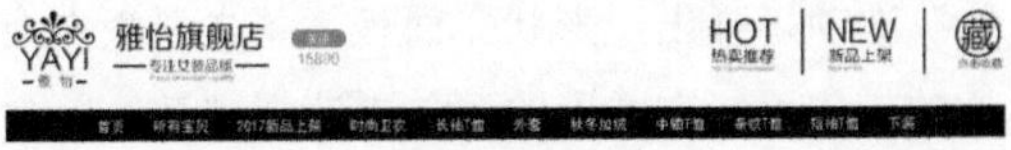
YAYI
雅怡旗舰店
HOT
热卖推荐
NEW
新品上架
藏

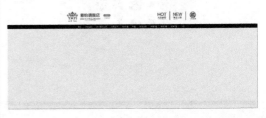

图8-18

2. 制作首页海报

（1）新建图层组并将其命名为“首页海报”。将前景色设为卡其色（其R、G、B的值分别为229、230、227）。选择“矩形”工具□，在图像窗口中绘制矩形，如图8-19所示。

图8-19

（2）按Ctrl+O组合键，打开学习资源中的“Ch08 > 素材 > 女装网店首页 > 01”文件，选择“移动”工具✥，将人物图片拖曳到图像窗口中适当的位置并调整大小，效果如图8-20所示。在“图层”控制面板中生成新图层并将其命名为“图片”。按Alt+Ctrl+G组合键，为“图片”图层创建剪贴蒙版，图像效果如图8-21所示。

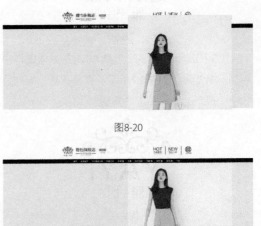

图8-20

图8-21

（3）单击"图层"控制面板下方的"添加蒙版"按钮▢，为"图片"图层添加图层蒙版，如图8-22所示。将前景色设为黑色。选择"画笔"工具✐，在属性栏中单击"画笔"选项，弹出画笔选择面板，选择需要的画笔形状，设置如图8-23所示。在图像窗口中拖曳鼠标擦除不需要的图像，效果如图8-24所示。

图8-22

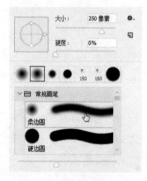

图8-23

图8-24

（4）将前景色设为珍珠色（其R、G、B的值分别为241、240、236）。选择"矩形"工具▢，在图像窗口中绘制矩形，如图8-25所示。按Alt+Ctrl+G组合键，为"矩形5"图层创建剪贴

蒙版，图像效果如图8-26所示。

图8-25

图8-26

（5）选择"椭圆"工具◯，在属性栏中将"填充"颜色设为黑色，"描边"颜色设为无，按住Shift键的同时，在图像窗口中绘制圆形，如图8-27所示。在"图层"控制面板上方，将该图层的"不透明度"选项设为50%，如图8-28所示，按Enter键确定操作，效果如图8-29所示。

图8-27

图8-28

图8-29

（6）选择"移动"工具 ✛，按住Alt+Shift组合键的同时，在图像窗口中将圆形多次水平向右拖曳到适当的位置，复制圆形，效果如图8-30所示。在"图层"控制面板上方，将最上方图层的"不透明度"选项设为100%，如图8-31所示，按Enter键确定操作，效果如图8-32所示。

图8-30

图8-31　　　　　　图8-32

（7）新建图层组。选择"钢笔"工具 ✎，在属性栏的"选择工具模式"选项中选择"形状"，将"填充"颜色设为无，"描边"颜色设为绿色（其R、G、B的值分别为28、187、149），"描边宽度"设为2点，按住Shift键的同时，在图像窗口中绘制折线，效果如图8-33所示。

图8-33

（8）选择"移动"工具 ✛，按住Alt+Shift组合键的同时，在图像窗口中将折线水平向右拖曳到适当的位置，复制折线，效果如图8-34所示。

图8-34

（9）按Ctrl+T组合键，在折线周围出现变换框，在变换框中单击鼠标右键，在弹出的菜单中选择"水平翻转"命令，水平翻转图像，按Enter键确认操作，效果如图8-35所示。

图8-35

（10）将前景色设为黑色。选择"横排文字"工具 T，在适当的位置分别输入需要的文字并选取文字，在属性栏中分别选择合适的字体并设置大小，按Alt+向左右方向键，调整文字到适当的间距，效果如图8-36所示。在"图层"控制面板中分别生成新的文字图层。

图8-36

（11）分别选取需要的文字，在属性栏中将"文本颜色"设为白色，填充文字，效果如图8-37所示。选取需要的文字，在属性栏中将"文本颜色"设为绿色（其R、G、B的值分别为28、187、149），填充文字，效果如图8-38所示。

图8-37　　　　　　图8-38

（12）将前景色设为绿色（其R、G、B的值分别为28、187、149）。选择"矩形"工具▢，在图像窗口中绘制矩形，如图8-39所示。选择"移动"工具✛，按住Alt+Shift组合键的同时，在图像窗口中将矩形垂直向下拖曳到适当的位置，复制矩形，效果如图8-40所示。

图8-39　　　　　　图8-40

（13）按Ctrl+T组合键，在矩形周围出现变换框，向下拖曳下方中间的控制手柄，调整矩形大小，按Enter键确认操作，效果如图8-41所示。

图8-41

（14）按住Shift键的同时，将两个矩形图层同时选取，拖曳到所有文字图层的下方，如图8-42所示，图像效果如图8-43所示。

图8-42　　　　　　图8-43

（15）选择最上方的文字图层。将前景色设为黑色。选择"直线"工具╱，在属性栏的"选择工具模式"选项中选择"形状"，将"粗细"选项设为1 px，按住Shift键的同时，在图像窗口中绘制直线，效果如图8-44所示。

图8-44

（16）选择"移动"工具✛，按住Alt+Shift组合键的同时，在图像窗口中将直线水平向右拖曳到适当的位置，复制直线，效果如图8-45所示。单击"首页海报"图层组左侧的✓图标，将图层组中的图层隐藏。

图8-45

3. 制作商品分类区

（1）新建图层组并将其命名为"商品分类区"。新建图层组。选择"矩形"工具▢，在属性栏中将"填充"颜色设为无，将"描边"颜色设为黑色，在图像窗口中绘制矩形，如图8-46所示。在"图层"控制面板中生成"矩形7"图层。

图8-46

（2）将"矩形7"图层拖曳到"图层"控制面板下方的"创建新图层"按钮◻上进行复制，生成新的图层"矩形7拷贝"。按Ctrl+T组合键，在图像周围出现变换框，按住Alt+Shift组合键的同时，拖曳右上角的控制手柄等比例缩小图形，按Enter键确定操作，效果如图8-47所示。

图8-47

（3）在属性栏中将"填充"颜色设为浅黄色（其R、G、B的值分别为255、250、220），将"描边"颜色设为无，如图8-48所示。

图8-48

（4）将前景色设为深灰色（其R、G、B的值分别为55、56、56）。选择"横排文字"工具 T.，在适当的位置输入需要的文字并选取文字，在属性栏中选择合适的字体并设置大小，按Alt+向上方向键，调整文字到合适的行距，效果如图8-49所示。在"图层"控制面板中生成新的文字图层。

图8-49

（5）选择"移动"工具 ⊕，按住Alt+Shift组合键的同时，在图像窗口中将图形和文字两次水平向右拖曳到适当的位置，复制图形和文字。修改拷贝图层的颜色和文字，效果如图8-50所示。

图8-50

（6）按Ctrl+O组合键，打开学习资源中的"Ch08 > 素材 > 女装网店首页 > 02"文件，选择"移动"工具 ⊕，将人物图片拖曳到图像窗口中适当的位置并调整大小，效果如图8-51所示。在"图层"控制面板中生成新图层并将其命名为"人物"。单击"商品分类区"图层组左侧的 ∨ 图标，将图层组中的图层隐藏。

图8-51

4．制作商品陈列区

（1）新建图层组并将其命名为"新品上架"。将前景色设为绿色（其R、G、B的值分别为28、187、149）。选择"矩形"工具 ▢，在图像窗口中分别绘制矩形，如图8-52所示。

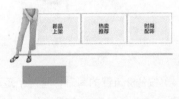

图8-52

（2）将前景色设为黑色。选择"横排文字"工具 T.，在适当的位置分别输入需要的文字并选取文字，在属性栏中分别选择合适的字体并设置大小，按Alt+向上方向键，调整文字适当的行距，效果如图8-53所示。在"图层"控制面板中分别生成新的文字图层。分别选取需要的文字，在属性栏中将"文本颜色"设为白色，填充文字，效果如图8-54所示。

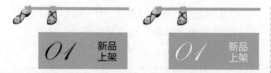

图8-53　　　　　　　图8-54

（3）选择"矩形"工具 □，在图像窗口中绘制一个矩形，如图8-55所示。按Ctrl+O组合键，打开学习资源中的"Ch08 > 素材 > 女装网店首页 > 03"文件，选择"移动"工具 ✣，将人物图片拖曳到图像窗口中适当的位置并调整大小，效果如图8-56所示。在"图层"控制面板中生成新图层并将其命名为"人物2"。

图8-55

图8-56

（4）按Alt+Ctrl+G组合键，为"人物2"图层创建剪贴蒙版，图像效果如图8-57所示。将前景色设为深灰色（其R、G、B的值分别为

55、56、56）。选择"横排文字"工具 T.，在适当的位置输入需要的文字并选取文字，在属性栏中选择合适的字体并分别设置大小，效果如图8-58所示。在"图层"控制面板中生成新的文字图层。

图8-57

图8-58

（5）在适当的位置单击鼠标插入光标，如图8-59所示。选择"窗口 > 字符"样式，在弹出的控制面板中进行设置，如图8-60所示，按Enter键确定操作，效果如图8-61所示。用相同的方法调整下方的文字，效果如图8-62所示。

上衣：**298**RMB

裤子：**159**RMB

图8-59　　　　　　　图8-60

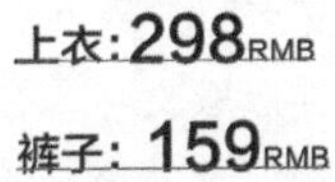

上衣：**298**RMB   上衣：**298**RMB

裤子：**159**RMB   裤子：**159**RMB

图8-61 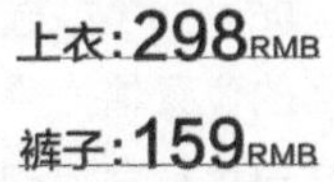   图8-62

（6）使用相同的方法制作其他图片和文字，效果如图8-63所示。单击"新品上架"图层组左侧的 ∨ 图标，将图层组中的图层隐藏。

图8-63

（7）在"图层"控制面板中，将"新品上架"图层组拖曳到"商品分类区"图层组的下方，如图8-64所示，效果如图8-65所示。

图8-64

图8-65

（8）选择"商品分类区"图层组。根据上述方法制作"热卖推荐"和"时尚配饰"陈列区，效果如图8-66和图8-67所示。

图8-66

图8-67

5. 制作页尾

（1）新建图层组并将其命名为"页尾"。将前景色设为绿色（其R、G、B的值分别为28、187、149）。选择"椭圆"工具 ○，按住Shift键的同时，在图像窗口中绘制圆形，如图8-68所示。

图8-68

（2）将前景色设为白色。选择"横排文字"工具 T，在适当的位置输入需要的文字并选取文字，在属性栏中选择合适的字体并设置大小，按Alt+向上方向键，调整文字到适当的行距，效果如图8-69所示。在"图层"控制面板中生成新的文字图层。

图8-69

（3）新建图层并将其命名为"折线"。选择"钢笔"工具 ⌀，在属性栏的"选择工具模式"选项中选择"像素"，将"粗细"选项设为1 px，按住Shift键的同时，在图像窗口中绘制折线，效果如图8-70所示。

图8-70

（4）将前景色设为绿色（其R、G、B的值分别为28、187、149）。选择"矩形"工具 ▢，在属性栏的"选择工具模式"选项中选择"形状"，在图像窗口中分别绘制矩形，如图8-71所示。

图8-71

（5）新建图层组并将其命名为"文字"。将前景色设为黑色。选择"横排文字"工具 T，在适当的位置分别输入需要的文字并选取文字，在属性栏中分别选择合适的字体并设置大小，按Alt+向左方向键，调整文字到适当的间距，效果如图8-72所示。在"图层"控制面板中分别生成新的文字图层。单击"文字"图层组左侧的 ∨ 图标，将图层组中的图层隐藏。

图8-72

（6）新建图层组。选择"横排文字"工具 T，在适当的位置分别输入需要的文字并选取文字，在属性栏中分别选择合适的字体并设置大小，按Alt+向左方向键，调整文字到适当的间距，效果如图8-73所示。在"图层"控制面板中分别生成新的文字图层。选取文字"优"，在属性栏中将"文本颜色"设为红色（其R、G、B的值分别为255、78、79），填充文字，效果如图8-74所示。

图8-73

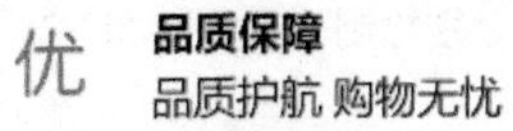

品质保障
品质护航 购物无忧

图8-74

（7）选择"椭圆"工具 ◯，在属性栏中将"填充"颜色设为无，"描边"颜色设为红色（其R、G、B的值分别为255、78、79），"描边宽度"设为3点，按住Shift键的同时，在图像窗口中绘制圆形，如图8-75所示。

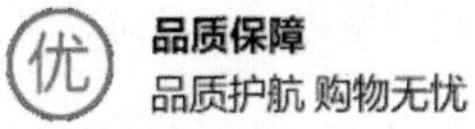

品质保障
品质护航 购物无忧

图8-75

（8）选择"矩形"工具 ▭，在图像窗口中绘制矩形，如图8-76所示。使用相同的方法制作"七天无理由退换货""特色服务体验"和"帮助中心"，效果如图8-77所示。

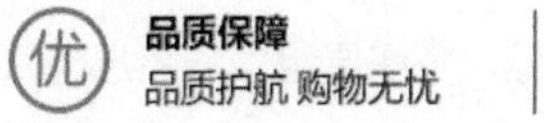

图8-76

图8-77

（9）在"图层"控制面板中打开"店招和导航条"图层组，选择"形状1"图层，按住shift键的同时，单击"矩形2拷贝"图层，将两个图层之间的所有图层同时选取。将其拖曳到"创建新图层"按钮 ▣ 上，复制图层。按

图8-78

Ctrl+E组合键，合并图层并将其命名为"LOGO"，拖曳到所有图层的上方，如图8-78所示。

（10）选择"移动"工具 ✛，在图像窗口中将LOGO拖曳到适当的位置，如图8-79所示。

按Ctrl+T组合键，在LOGO周围出现变换框，按住Alt+Shift组合键的同时，向外拖曳控制手柄，等比例放大图像，效果如图8-80所示。女装网店首页制作完成，如图8-81所示。

图8-79

图8-80

图8-81

8.2 化妆品类网店首页的设计与制作

8.2.1 案例分析

本案例是要为淘宝某家化妆品店铺设计首页。店主要求首页的展示以热销产品为主，主要内容包括店招、导航条、首页海报、代金券、人气套装专区、热销单品专区、店铺收藏以及客服区等。店铺所销售的化妆品深受爱美人士的喜爱，在设计风格上要求表现出艳丽明亮、富有魅力的视觉效果。

1. 设计要点

在设计网店首页时，根据客户的需求先构思出一个大体的布局框架。首页海报和分类标题栏都采用了通栏布局，这样十分醒目，并且清晰明了。展示区的商品陈列，分别以折线型布局和九宫格布局两种形式，既可以使买家的视线沿着商品照片折线运动，具有韵律感，同时又井然有序。如图8-82所示。

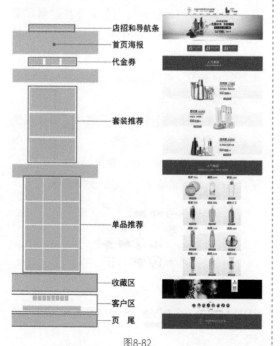

图8-82

说明文字：
- 店招和导航条
- 首页海报
- 代金券
- 套装推荐
- 单品推荐
- 收藏区
- 客户区
- 页　尾

2. 配色方案

该店铺首页设计使用灰、白色搭配红色为主要颜色。红色可以体现出化妆品充沛的滋润能量，给人热情的视觉感受；红色主要用于对价格和代金券等重要的信息进行突出提示，吸引买家注意；红色还用来区分信息层次，帮助买家清晰直观地浏览首页。而展示区大面积的浅灰色增强了画面的稳定感，减少了视觉疲劳，带给人一种柔和、温婉的感觉。整个首页色彩鲜明瞩目，主次分明。案例配色如图8-83所示。

| R255,G255,B255 | R239,G239,B239 | R206,G0,B23 | R141,G0,B87 | R0,G0,B0 |
| C0,M0,Y0,K0 | C8,M6,Y6,K0 | C24,M100,Y100,K0 | C50,M100,Y40,K13 | C0,M0,Y0,K100 |

图8-83

8.2.2 案例制作

1. 制作店招和导航条

（1）按Ctrl+N组合键，新建一个文件，宽度为1920像素，高度为6200像素，分辨率为72像素/英寸，颜色模式为RGB，背景内容为白色，单击"确定"按钮。

（2）新建图层组并将其命名为"店招和导航条"。将前景色设为红色（其R、G、B的值分别为206、0、23）。选择"矩形"工具 □，在属性栏的"选择工具模式"选项中选择"形状"，在图像窗口中绘制矩形，如图8-84所示。

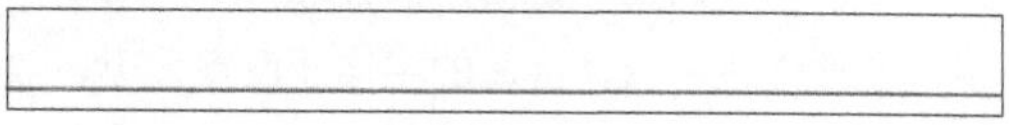

图8-84

（3）选择"椭圆"工具 ○，在属性栏中将"填充"颜色设为无，"描边"颜色设为黑色，"描边宽度"设为0.66点，按住Shift键的同时，在图像窗口中绘制圆形，如图8-85所示。

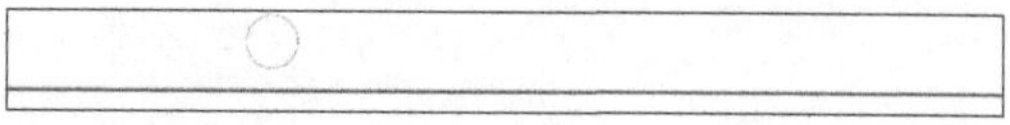

图8-85

（4）将“椭圆1”图层拖曳到“图层”控制面板下方的“创建新图层”按钮上进行复制，生成新的图层“椭圆1 拷贝”。按Ctrl+T组合键，在图像周围出现变换框，按住Alt+Shift组合键的同时，拖曳右上角的控制手柄等比例缩小圆形，按Enter键确定操作，效果如图8-86所示。

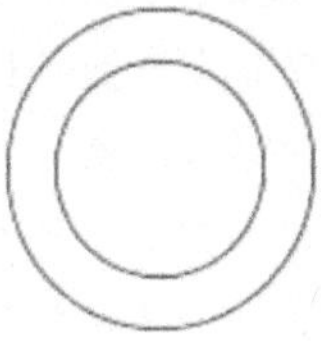

图8-86

（5）选择“矩形”工具，在属性栏中将“填充”颜色设为白色，“描边”颜色设为无，在图像窗口中绘制矩形，如图8-87所示。将前景色设为黑色。选择“横排文字”工具，在适当的位置分别输入需要的文字并选取文字，在属性栏中分别选择合适的字体并设置大小，效果如图8-88所示。在“图层”控制面板中分别生成新的文字图层。

图8-87

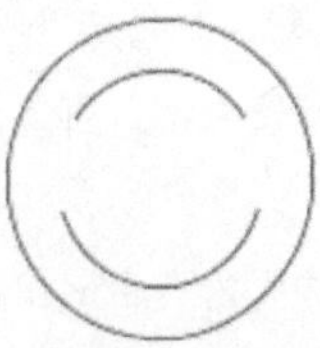

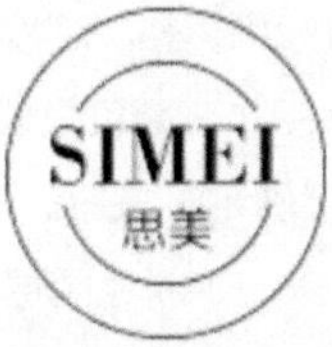
SIMEI
思美

图8-88

（6）选择“椭圆1 拷贝”图层。将鼠标光标放置到路径上，光标变为时，单击鼠标左键，在路径上出现闪烁的光标，输入需要的文字并选取文字，在属性栏中选择合适的字体并设置大小，效果如图8-89所示。在“图层”控制面板中生成新的文字图层。按Enter键，隐藏路径。使用相同的方法制作“官方直销”路径文字，如图8-90所示。

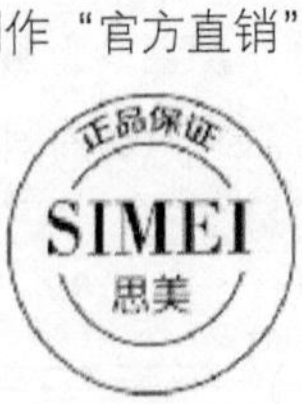

正品保证
SIMEI
思美

图8-89

正品保证
SIMEI
思美
官方直销

图8-90

（7）选择“横排文字”工具，在适当的位置分别输入需要的文字并选取文字，在属性栏中选择合适的字体并设置大小，效果如图8-91所示。在“图层”控制面板中分别生成新的文字图层。

SIMEI 思美官方企业店铺

图8-91

（8）选择“直线”工具，在属性栏的“选择工具模式”选项中选择“形状”，将“粗细”选项设为1 px，按住Shift键的同时，在图像窗口中绘制直线，效果如图8-92所示。

（9）将前景色设为红色（其R、G、B的值分别为206、0、23）。选择“圆角矩形”工具，在属性栏的“选择工具模式”选项中选择“形状”，将“半径”选项设为8.5px，在图像窗口中绘制圆角矩形，如图8-93所示。

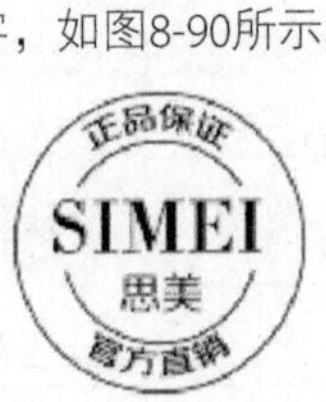

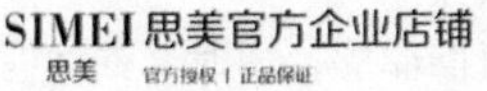
SIMEI 思美官方企业店铺
思美
官方授权 | 正品保证

图8-92

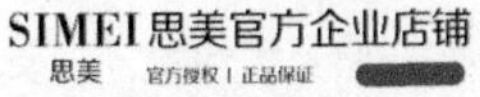
SIMEI 思美官方企业店铺
思美
官方授权 | 正品保证

图8-93

（10）将前景色设为白色。选择“自定形状”工具，在属性栏中的单击“形状”选项，弹出“形状”面板，在面板中选择需要的形状，如图8-94所示。在图像窗口中拖曳鼠标绘制图形，如图8-95所示。

（11）选择“横排文字”工具，在适当的位置输入需要的文字并选取文字，在属性栏中选择合适的字体并设置大小，效果如图8-96所示。在“图层”控制面板中生成新的文字图层。

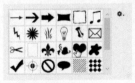

图8-94

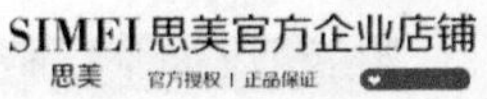
SIMEI 思美官方企业店铺
思美
官方授权 | 正品保证

图8-95

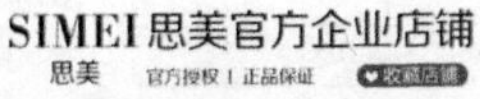
SIMEI 思美官方企业店铺
思美
官方授权 | 正品保证
收藏店铺

图8-96

（12）按Ctrl+O组合键，打开学习资源中的

"Ch08 > 素材 > 化妆品网店首页 > 01"文件，选择"移动"工具 ，将图片拖曳到图像窗口中适当的位置并调整大小，效果如图8-97所示。在"图层"控制面板中生成新图层并将其命名为"化妆品"。

图8-97

（13）将前景色设为黑色。选择"横排文字"工具 ，在适当的位置分别输入需要的文字并选取文字，在属性栏中选择合适的字体并设置大小，按Alt+向左方向键，适当地调整文字间距，效果如图8-98所示。在"图层"控制面板中分别生成新的文字图层。

图8-98

（14）将前景色设为红色（其R、G、B的值分别为206、0、23）。选择"矩形"工具 □，在图像窗口中绘制矩形，如图8-99所示。

（15）将前景色设为白色。选择"横排文字"工具 ，在适当的位置输入需要的文字并选取文字，在属性栏中选择合适的字体并设置大小，按Alt+向左方向键，适当地调整文字间距，效果如图8-100所示。在"图层"控制面板中生成新的文字图层。

图8-99    图8-100

（16）将前景色设为黑色。在适当的位置输入需要的文字并选取文字，在属性栏中选择合适的字体并设置大小，效果如图8-101所示，在"图层"控制面板中生成新的文字图层。单击"店招

和导航条"图层组左侧的 ✓ 图标，将图层组中的图层隐藏。

图8-101

2. 制作首页海报

（1）新建图层组并将其命名为"首页海报"。将前景色设为粉色（其R、G、B的值分别为247、176、194）。选择"矩形"工具 □，在图像窗口中绘制矩形，如图8-102所示。

（2）按Ctrl+O组合键，打开学习资源中的"Ch08 > 素材 > 化妆品网店首页 > 02"文件，选择"移动"工具 ，将图片拖曳到图像窗口中适当的位置并调整大小，效果如图8-103所示。在"图层"控制面板中生成新图层并将其命名为"化妆品"。按Alt+Ctrl+G组合键，为图层创建剪贴蒙版，图像效果如图8-104所示。

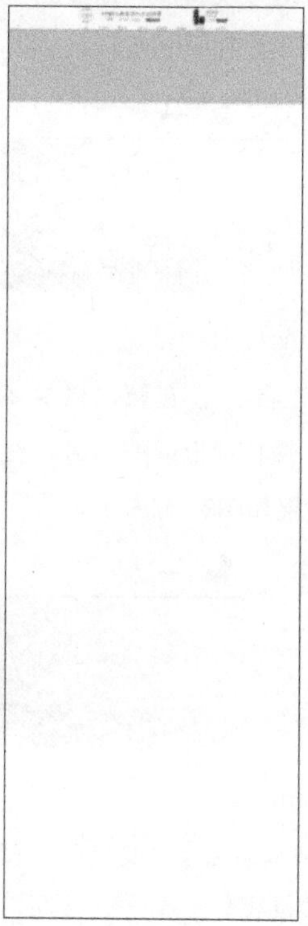

图8-102   图8-103

图8-104

（3）将前景色设为红色（其R、G、B的值分别为230、0、18）。选择"直线"工具 ∠ ，在属性栏中将"粗细"选项设为1 px，按住Shift键的同时，在图像窗口中绘制直线，效果如图8-105所示。

图8-105

（4）选择"移动"工具 ⊹ ，按住Alt+Shift组合键的同时，在图像窗口中多次将形状拖曳到适当的位置，复制形状，效果如图8-106所示。

图8-106

（5）选择"直线"工具 ∠ ，在属性栏中将"粗细"选项设为3 px，按住Shift键的同时，在图像窗口中绘制直线，效果如图8-107所示。

图8-107

（6）新建图层组并将其命名为"文字"。将前景色设为黑色。选择"直线"工具 ∠ ，在属性栏中将"粗细"选项设为1 px，按住Shift键的同时，在图像窗口中绘制直线。用上述方法复制直线，效果如图8-108所示。

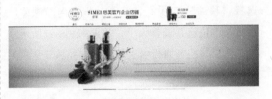

图8-108

（7）按住Shift键的同时，将黑色直线的两个图层同时选取，按Ctrl+E组合键，合并图层。单击"图层"控制面板下方的"添加蒙版"按钮 ▢ ，为"形状5"图层添加图层蒙版。

（8）选择"渐变"工具 ▣ ，单击属性栏中的"点按可编辑渐变"按钮 ▮▮▮ ，弹出"渐变编辑器"对话框，将渐变色设为白色到黑色，将"颜色中点"的位置设为74，如图8-109所示，单击"确定"按钮。按住Shift键的同时，在图像窗口中拖曳渐变色，效果如图8-110所示。

图8-109

图8-110

（9）选择"横排文字"工具 T. ，在适当的位置分别输入需要的文字并选取文字，在属性栏中分别选择合适的字体并设置大小，按Alt+向左方向键，调整文字适当的间距，效果如图8-111所示，在"图层"控制面板中分别生成新的文字图层。

图8-111

（10）选取需要的文字，在属性栏中将"文本颜色"设为红色（其R、G、B的值分别为206、0、23），填充文字，效果如图8-112所示。选取需要的文字，在属性栏中将"文本颜色"设为白色，填充文字，效果如图8-113所示。

图8-112   图8-113

（11）将前景色设为黑色。选择"矩形"工具 ▢，在图像窗口中绘制矩形，如图8-114所示。在"图层"控制面板中，将"矩形5"图层拖曳到"补水-保湿-增白…"图层的下方，如图8-115所示，图像效果如图8-116所示。

图8-114   图8-115

图8-116

（12）选择"直线"工具 ╱，在属性栏中将"粗细"选项设为1 px，按住Shift键的同时，在图像窗口中绘制直线，效果如图8-117所示。

（13）选择"自定形状"工具 ▨，在属性栏中单击"形状"选项，弹出"形状"面板，单击面板右上方的按钮 ✿，在弹出的菜单中选择"装饰"命令，弹出提示对话框，单击"追加"按钮。在"形状"面板中选中图形"装饰5"，如图8-118所示。在属性栏的"选择工具模式"选项中选择"形状"，在图像窗口中绘制图形，如图8-119所示。单击"首页海报"图层组左侧的图标，将图层组中的图层隐藏。

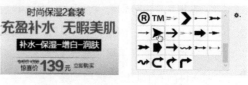

图8-117   图8-118

图8-119

3．制作代金券

（1）新建图层组并将其命名为"代金券"。将前景色设为红色（其R、G、B的值分别为206、0、23）。选择"矩形"工具 ▢，在图像窗口中绘制矩形，如图8-120所示。

图8-120

（2）将"矩形6"图层拖曳到"图层"控制面板下方的"创建新图层"按钮 ▫ 上进行复制，生成新的图层"矩形6 拷贝"。按Ctrl+T组合键，在图像周围出现变换框，按住Alt+Shift组合键的同时，拖曳右上角的控制手柄等比例缩小图片，按Enter键确定操作。在属性栏中将"描边"颜色设为白色，"描边宽度"选项设为1点，效果如图8-121所示。

图8-121

（3）将前景色设为白色。选择"横排文字"工具 T，在适当的位置分别输入需要的文字并选取文字，在属性栏中分别选择合适的字体并设置大小，效果如图8-122所示。在"图层"控制面板中分别生成新的文字图层。选取文字"点击领取"，按Alt+向右方向键，适当调整文字间距，效果如图8-123所示。

图8-122   图8-123

（4）选择"自定形状"工具，在属性栏中单击"形状"选项，弹出"形状"面板，单击面板右上方的按钮，在弹出的菜单中选择"自然"命令，弹出提示对话框，单击"追加"按钮。在"形状"面板中选中图形"波浪"，如图8-124所示。在图像窗口中拖曳鼠标绘制图形，如图8-125所示。

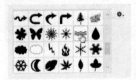 

图8-124   图8-125

（5）将"形状8"图层拖曳到"图层"控制面板下方的"创建新图层"按钮上进行复制，生成新的图层"形状8 拷贝"。选择"移动"工具，按住Shift键的同时，将形状拖曳到图像窗口中适当的位置，效果如图8-126所示。

图8-126

（6）在"图层"控制面板中，按住Shift键的同时，将"形状8"图层和"矩形6"图层之间的所有图层同时选取。按Ctrl+G组合键，编组图层并将其命名为"15"，如图8-127所示。使用相同的方法制作"25"和"35"代金券，效果如图8-128所示。单击"代金券"图层组左侧的 图标，将图层组中的图层隐藏。

图8-127

图8-128

4. 制作商品陈列区

（1）新建图层组并将其命名为"人气套装"。将前景色设为红色（其R、G、B的值分别为206、0、23）。选择"矩形"工具，在图像窗口中绘制矩形，如图8-129所示。

（2）将前景色设为白色。选择"横排文字"工具 T，在适当的位置分别输入需要的文字并选取文字，在属性栏中选择合适的字体并设置大小，效果如图8-130所示。在"图层"控制面板中分别生成新的文字图层。

图8-129

图8-130

（3）新建图层组并将其命名为"套装1"。将前景色设为红色（其R、G、B的值分别为230、0、18）。选择"矩形"工具▭，在图像窗口中绘制矩形，如图8-131所示。

图8-131

（4）单击"图层"控制面板下方的"添加图层样式"按钮 fx.，在弹出的菜单中选择"渐变叠加"命令，弹出对话框，单击"点按可编辑渐变"按钮 ，弹出"渐变编辑器"对话框，将渐变颜色设为从浅灰色（其R、G、B的值分别为245、245、245）到白色，如图8-132所示，单击"确定"按钮。返回到"渐变叠加"对话框，其他选项的设置如图8-133所示，单击"确

定"按钮，效果如图8-134所示。

图8-132

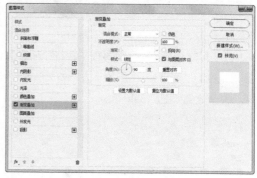

图8-133

图8-134

（5）按Ctrl+O组合键，打开学习资源中的"Ch08 > 素材 > 化妆品网店首页 > 03"文件，选择"移动"工具 ，将图片拖曳到图像窗口中适当的位置并调整大小，效果如图8-135所示。在"图层"控制面板中生成新图层并将其命名为"套装1"。

图8-135

（6）新建图层并将其命名为"阴影"。将前景色设为黑色。选择"画笔"工具 ✐，在属性栏中单击"画笔"选项，弹出画笔选择面板，在面板中选择需要的画笔形状，设置如图8-136所示。在图像窗口中拖曳鼠标绘制阴影图像，效果如图8-137所示。

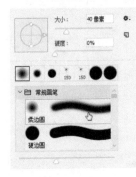

图8-136　　　　图8-137

（7）在"图层"控制面板中，将"阴影"图层拖曳到"套装1"图层的下方，如图8-138所示，图像效果如图8-139所示。

图8-138　　　　图8-139

（8）在"图层"控制面板中选择"套装1"图层。将前景色设为红色（其R、G、B的值分别为230、0、18）。选择"矩形"工具 ▭，在图像窗口中绘制矩形，如图8-140所示。

图8-140

（9）将前景色设为黑色。选择"横排文字"工具 T.，分别在适当的位置输入需要的文字并选取文字，在属性栏中选择合适的字体并设置大小，效果如图8-141所示。在"图层"控制面板中分别生成新的文字图层。

图8-141

（10）选取文字"雪域精华冰肌套装"，在属性栏中将"文本颜色"设为灰色（其R、G、B的值分别为104、104、104），填充文字，效果如图8-142所示。选取文字"398"，在属性栏中将"文本颜色"设为红色（其R、G、B的值分别为206、0、23），填充文字，效果如图8-143所示。选取文字"立即购买"，在属性栏中将"文本颜色"设为白色，填充文字，效果如图8-144所示。

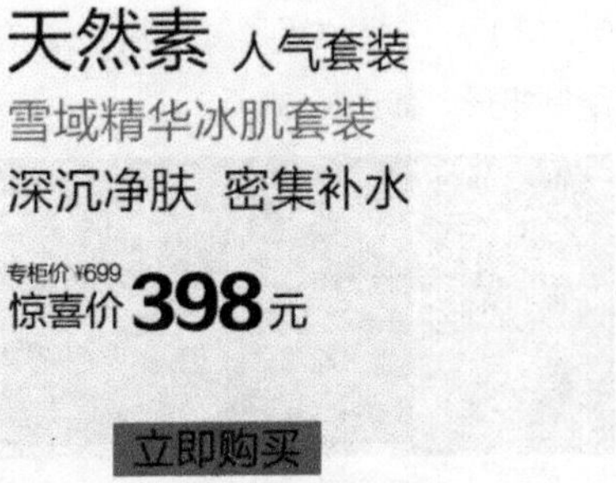

天然素 人气套装
雪域精华冰肌套装
深沉净肤　密集补水

专柜价 ¥699
惊喜价398元

立即购买

图8-142

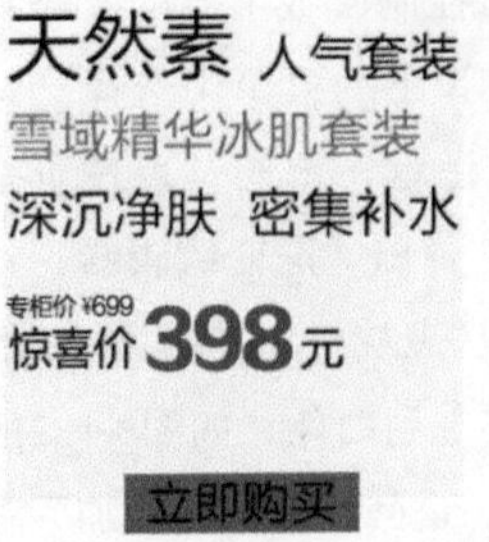

天然素 人气套装
雪域精华冰肌套装
深沉净肤　密集补水

专柜价 ¥699
惊喜价398元

立即购买

图8-143

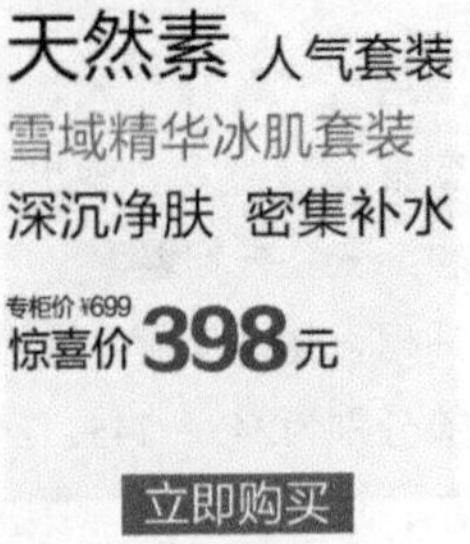

天然素 人气套装
雪域精华冰肌套装
深沉净肤　密集补水

专柜价 ¥699
惊喜价398元

立即购买

图8-144

（11）选择"直线"工具 ✎，在属性栏中将"粗细"选项设为2 px，按住Shift键的同时，在图像窗口中分别绘制直线，效果如图8-145所示。在属性栏中将"粗细"选项设为1 px，按住Shift键的同时，在图像窗口中绘制直线，效果如图8-146所示。

图8-145 　　　　　图8-146

（12）在"图层"控制面板中，按住Shift键的同时，将"形状8"图层和"矩形8"图层之间的所有图层同时选取。按Ctrl+G组合键，编组图层并将其命名为"套装1"，如图8-147所示。使用相同的方法制作"套装2""套装3"，效果如图8-148所示。单击"人气套装"图层组左侧的 ⌄ 图标，将图层组中的图层隐藏。

（13）新建图层组并将其命名为"人气单品"。将前景色设为红色（其R、G、B的值分别为206、0、23）。选择"矩形"工具 ▢，在图像窗口中绘制矩形，如图8-149所示。

图8-147

图8-148

图8-149

（14）将前景色设为白色。选择"横排文字"工具 T，在适当的位置分别输入需要的文字并选取文字，在属性栏中分别选择合适的字体并设置大小，效果如图8-150所示。在"图层"控制面板中分别生成新的文字图层。

图8-150

（15）新建图层组并将其命名为"单品1"。将前景色设为红色（其R、G、B的值分别为230、0、18）。选择"矩形"工具 ▢，在图像窗口中绘制矩形，如图8-151所示。

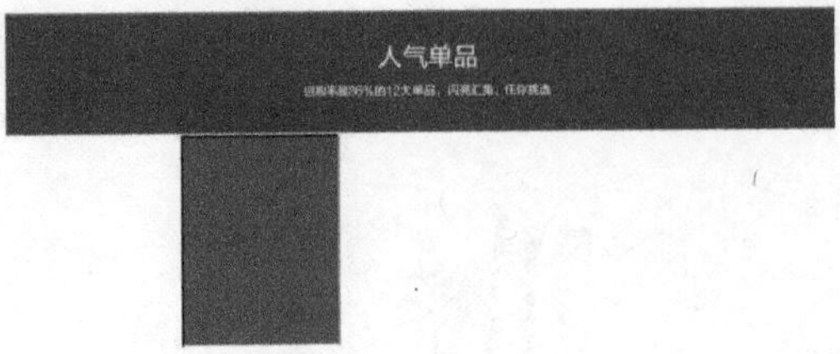

图8-151

（16）单击“图层”控制面板下方的“添加图层样式”按钮，在弹出的菜单中选择“渐变叠加”命令，弹出对话框，单击“点按可编辑渐变”按钮，弹出“渐变编辑器”对话框，将渐变颜色设为从浅灰色（其R、G、B的值分别为230、230、230）到白色，如图8-152所示，单击“确定”按钮。返回到“渐变叠加”对话框，其他选项的设置如图8-153所示。单击“确定”按钮，效果如图8-154所示。

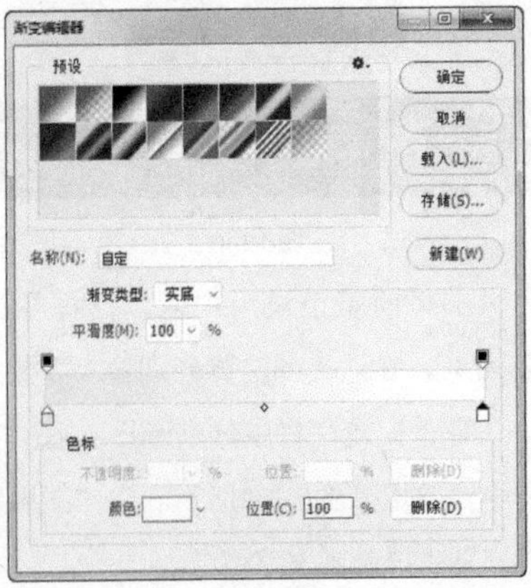

图8-152

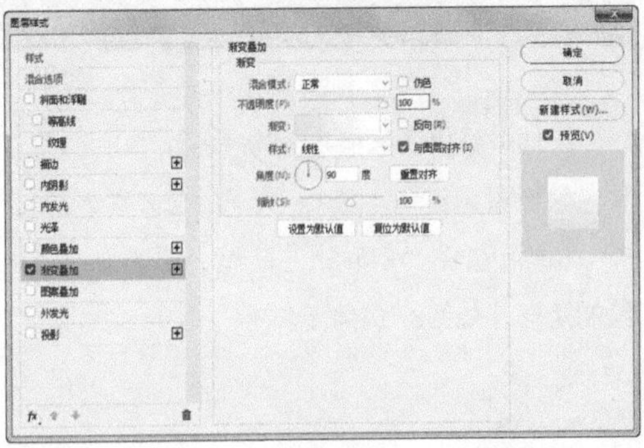

图8-153

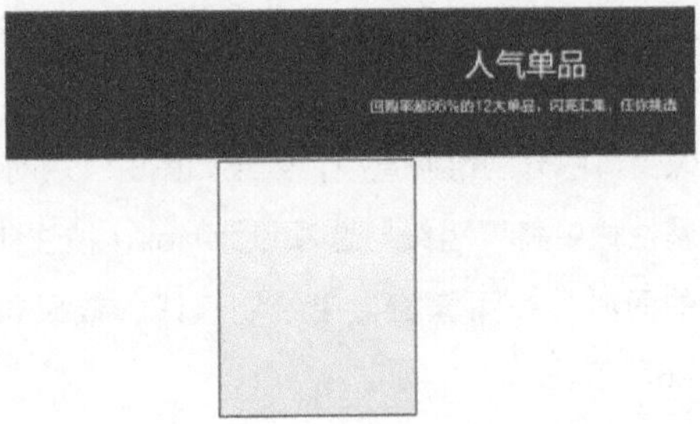

图8-154

（17）按Ctrl+O组合键，打开学习资源中的“Ch08 > 素材 > 化妆品网店首页 > 07”文件，选择“移动”工具，将图片拖曳到图像窗口中适当的位置并调整大小，效果如图8-155所示。在“图层”控制面板中生成新图层并将其命名为“产品1”。

（18）将前景色设为红色（其R、G、B的值分别为206、0、23）。选择“矩形”工具，在图像窗口中绘制矩形，如图8-156所示。

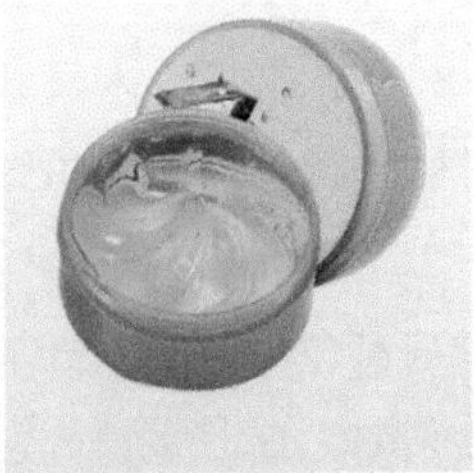

图8-155

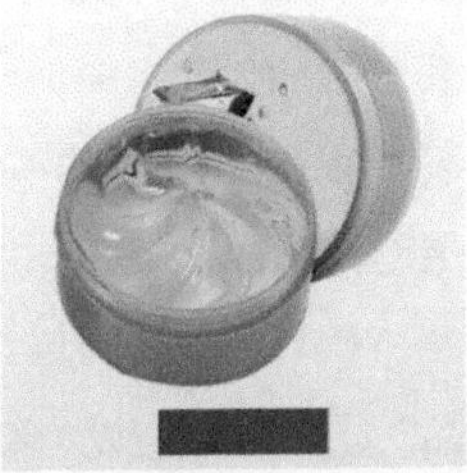

图8-156

（19）将前景色设为黑色。选择“横排文字”工具，在适当的位置输入需要的文字并选取文字，在属性栏中选择合适的字体并设置大小，效果如图8-157所示。在“图层”控制面板中生成新的文字图层。选取文字“立即购买”，在属性栏中将“文本颜色”设为白色，填充文字，效果如图8-158所示。

图8-157　　　　　　图8-158

（20）选择"直线"工具 ∕，在属性栏中将"粗细"选项设为1 px，按住Shift键的同时，在图像窗口中分别绘制直线，效果如图8-159所示。使用相同的方法制作其他单品，效果如图8-160所示。单击"人气单品"图层组左侧的 ∨ 图标，将图层组中的图层隐藏。

图8-159

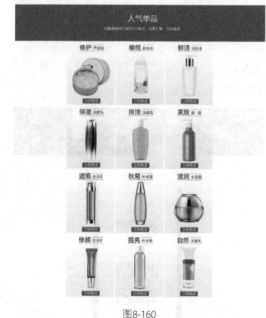

图8-160

5. 制作收藏区

（1）新建图层组并将其命名为"收藏"。将前景色设为红色（其R、G、B的值分别为206、0、23）。选择"矩形"工具 ▢，在图像窗口中绘制矩形，如图8-161所示。

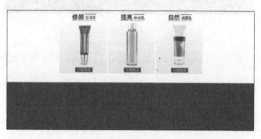

图8-161

（2）按Ctrl+O组合键，打开学习资源中的"Ch08 > 素材 > 化妆品网店首页 > 19"文件，选择"移动"工具 ✛，将图片拖曳到图像窗口中适当的位置并调整大小，效果如图8-162所示。在"图层"控制面板中生成新图层并将其命名为"素材2"。按Alt+Ctrl+G组合键，为"素材2"图层创建剪贴蒙版，图像效果如图8-163所示。

图8-162

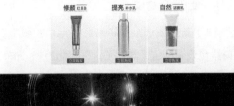

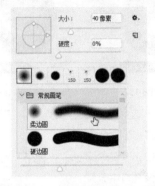

图8-163

画笔选择面板，在面板中选择需要的画笔形状，设置如图8-166所示。在图像窗口中拖曳鼠标擦除不需要的图像，效果如图8-167所示。

图8-166

（3）按Ctrl+O组合键，打开学习资源中的"Ch08 > 素材 > 化妆品网店首页 > 20"文件，选择"移动"工具 ⊕，将图片拖曳到图像窗口中适当的位置并调整大小，效果如图8-164所示。在"图层"控制面板中生成新图层并将其命名为"人物"。按Alt+Ctrl+G组合键，为"人物"图层创建剪贴蒙版，图像效果如图8-165所示。

图8-167

（5）将前景色设为白色。选择"矩形"工具 ▢，在图像窗口中绘制矩形，如图8-168所示。将前景色设为黑色。选择"横排文字"工具 T.，在适当的位置分别输入需要的文字并选取文字，在属性栏中选择合适的字体并设置大小，效果如图8-169所示，在"图层"控制面板中分别生成新的文字图层。

图8-164

图8-168

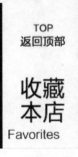

图8-165

（4）单击"图层"控制面板下方的"添加蒙版"按钮 ▢，为"人物"图层添加图层蒙版。将前景色设为黑色。选择"画笔"工具 ✎，在属性栏中单击"画笔"选项，弹出

图8-169

（6）选取文字"收藏本店"，在属性栏中将"文本颜色"设为红色（其R、G、B的值分别为199、11、0），填充文字，效果如图8-170所示。

（7）选择"直线"工具 ∕，在属性栏中将"粗细"选项设为1 px，单击"路径操作"按钮 ▣，在弹出的下拉菜单中选择"合并形状"选项，按住Shift键的同时，在图像窗口中绘制多条直线，效果如图8-171所示。

图8-170　　　　　　　图8-171

（8）选择"自定形状"工具 ⬠，在属性栏中单击"形状"选项，弹出"形状"面板，在面板中选中图形"箭头12"，如图8-172所示。在图像窗口中拖曳光标绘制图形，如图8-173所示。

（9）按Ctrl+T组合键，图像周围出现变换框，在变换框中单击鼠标右键，在弹出的菜单中选择"旋转90度（逆时针）"命令，将形状逆时针旋转90度，按Enter键确定操作，效果如图8-174所示。单击"人气单品"图层组左侧的 ⌄ 图标，将图层组中的图层隐藏。

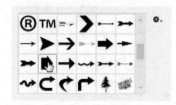

图8-172

图8-173　　　　　　　图8-174

6. 制作客服区

（1）新建图层组并将其命名为"客服"。按Ctrl+O组合键，打开学习资源中的"Ch08 > 素材 > 化妆品网店首页 >21"文件，选择"移动"工具 ✛，将图片拖曳到图像窗口中适当的位置并调整大小，效果如图8-175所示，在"图层"控制面板中生成新图层并将其命名为"头像1"。

图8-175

（2）将前景色设为灰色（其R、G、B的值分别为132、132、132）。选择"横排文字"工具 T，在适当的位置输入需要的文字并选取文字，在属性栏中选择合适的字体并设置大小，按Alt+向左方向键，适当地调整文字间距，效果如图8-176所示。在"图层"控制面板中生成新的文字图层。

图8-176

（3）使用相同的方法制作其他客服信息，如图8-177所示。选择"横排文字"工具 T，在适当的位置输入需要的文字并选取文字，在属性栏中选择合适的字体并设置大小，按Alt+向左方向键，适当地调整文字间距，效果如图8-178所示。在"图层"控制面板中生成新的文字图层。

图8-177

图8-178

（4）选取文字"客服中心"和"在线时间"，在属性栏中将"文本颜色"设为深灰色（其R、G、B的值分别为46、44、55），填充文字。按Ctrl+T组合键，在弹出的"字符"面板中单击"仿粗体"按钮 T ，将文字加粗，按Enter键确定操作，效果如图8-179所示。

图8-179

（5）将前景色设为深灰色（其R、G、B的值分别为46、44、55）。选择"椭圆"工具 ○ ，按住Shift键的同时，在图像窗口中绘制圆形，如图8-180所示。

图8-180

（6）选择"移动"工具 ✛ ，按住Alt+Shift组合键的同时，在图像窗口中多次将圆形拖曳到适当的位置，复制多个圆形，效果如图8-181所示。单击"客服区"图层组左侧的 ∨ 图标，将图层组中的图层隐藏。

图8-181

7．制作页尾

（1）新建图层组并将其命名为"页尾"。将前景色设为红色（其R、G、B的值分别为206、0、23）。选择"矩形"工具 ▢ ，在图像窗口中绘制矩形，如图8-182所示。

图8-182

（2）在"图层"控制面板中，单击"店招和导航条"图层组左侧的 ∨ 图标，将"店招和导航条"图层组中的图层显示。按住Shift键的同时，将"椭圆1"图层和"形状1"图层之间的所有图层同时选取，将选中的图层拖曳到"图层"控制面板下方的"创建新图层"按钮 ▢ 上进行复制，生成多个新的图层。

（3）按Ctrl+E组合键，合并图层并将其命名为"logo"。在"图层"控制面板中，将"logo"图层拖曳到"矩形26"图层的上方，如图8-183所示。选择"移动"工具 ✛ ，在图像窗口中将图片拖曳到适当的位置，如图8-184所示。

图8-183

图8-184

（4）选择"图像 > 调整 > 反相"命令，将图像反相，效果如图8-185所示。在"图层"控制面板上方，将"logo"图层的混合模式选项设为"变亮"，如图8-186所示，图像效果如图8-187所示。

图8-185

图8-186

图8-187

（5）选择"矩形选框"工具 ⬚，在图像窗口中绘制矩形选区，如图8-188所示。选择"移动"工具 ✛，按住Shift键的同时，将选区中的图像拖曳到适当的位置。按Ctrl+D组合键，取消选区，效果如图8-189所示。化妆品类网店的设计与制作完成，如图8-190所示。

图8-188

图8-189

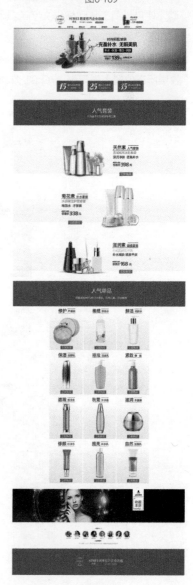

图8-190

【习题设计要点】以婚庆戒指为素材，设计一个以520为主题的珠宝首饰店铺的首页。要求以素材照片的颜色作为配色依据，制作店招、导航条、首页海报、优惠券、新品展示区和热销商品区，画面以绿色系为主色调，营造出雅致浪漫的气息，效果如图8-191所示。

【习题知识要点】使用绘图工具、图层蒙版、画笔工具和横排文字工具制作店招及导航条，使用绘图工具、移动工具、创建剪贴蒙版命令和调整图层制作海报，使用横排文字工具和图层样式制作宣传语，使用绘图工具和横排文字工具制作优惠券，使用矩形工具、直接选择工具、图层蒙版、渐变工具和图层样式制作投影。

【素材所在位置】学习资源/Ch08/素材/课后习题/01～10。

【效果所在位置】学习资源/Ch08/效果/课后习题.psd。

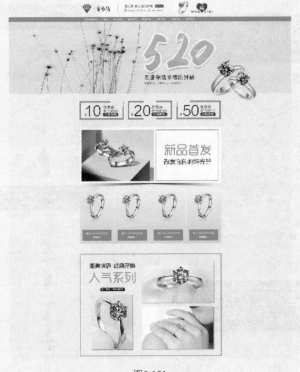

图8-191

第 *9* 章

商品详情页面各模块设计

本章介绍

　　本章详细介绍了网店详情页中各模块的设计规范与设计技巧。学完本章内容要了解并掌握使用Photoshop设计制作网店详情页各个模块的方法和技巧。

学习目标

◆ 熟练掌握商品橱窗区的设计方法。

◆ 了解悬浮导航区的设计技巧。

◆ 掌握商品描述区的设计方法。

详情页是对店铺中销售的单个商品进行展示和详细介绍的页面，是影响交易达成的关键因素。一个好的详情页不仅要能清晰合理地介绍商品信息，还要对商品进行整体包装，体现出买家需求，找准卖点，通过足够吸引人的内容，提升买家的购买欲望。一个详情页通常包括商品橱窗区、悬浮导航和商品描述区三个模块，如图9-1所示。

图9-1

图9-1（续）

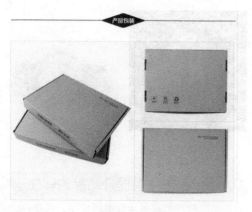

图9-1（续）

图9-1（续）

9.1 商品橱窗区

商品橱窗区位于商品详情页的顶端位置，一件商品可以展示6张商品主图，包括正面图、背面图、侧面图、细节图或不同颜色图。如图9-2所示。

图9-2

9.1.1 商品主图的设计规范

商品主图位于橱窗区的左方，尺寸为400像素×400像素，图片格式为JPG、PNG、GIF格式。当上传的商品主图尺寸大于700像素×700像素时，会自动出现放大镜功能，买家将鼠标移动到商品主图上时会显示局部放大效果，方便查看商品细节，如图9-3所示。

图9-3

9.1.2 商品主图素材的选择

在选择商品主图的素材时，首要条件是图片要完整、清晰、曝光正确。不要将多张图拼在一起，一张图片只反映商品一方面的内容即可。尽量不要在主图上标杂乱的文字和水印，容易降低商品的品质。由于在橱窗中可以展示6张图，所以要尽可能合理地展示商品的多个角度，增强商品的立体感，让买家更清晰地看到商品全貌。

9.1.3 添加文案提高商品的点击率

在制作商品主图时可以在主图的空白处添加

一点描述商品特色和卖点的辅助文案，来传递更多的商品信息。图9-4为一个电水壶的主图，它将商品的特点用简短的文字表达出来，作为吸引买家的关键点，让买家在了解商品外观的同时也能了解商品的主要功能特征。

图9-4

图9-5为一款化妆品的主图，主图上添加了该商品的促销活动信息，以刺激消费者的购买欲望。

图9-5

9.1.4　增加图片质感吸引买家眼球

买家在购买高档的珠宝饰品、不锈钢材质的手表等商品时，会非常看中商品的品质，因此在拍照后需要进行后期处理，可以运用倒影的手法将珠宝、手表的光泽质感表现出来，使商品显得更加耀眼，有品质。主图质感的体现，能够在无形中影响到买家对商品的心理感受，如图9-6所示。

图9-6

9.1.5　添加场景提升商品的转化率

单独的展示商品会显得很单调，很难打动消费者，尤其是家居消费品。比如沙发，如果只看到沙发款式很好看，那么买家会顾虑放置在自己家里是否与自家装修风格搭调，他们更希望看到沙发放置在一个具体的客厅里面的样子，这样能够方便他们对沙发进行选择，降低顾虑，如图9-7所示。

图9-7

9.1.6　商品主图设计案例

【案例知识要点】使用移动工具添加素材图片，使用曲线调整层和亮度/对比度命令调整图像颜色，使用混合模式、图层蒙版和画笔工具融合图片，使用多边形工具、椭圆工具和横排文字工具制作相关信息，效果如图9-8所示。

【素材所在位置】学习资源/Ch09/素材/化妆品主图/01~08。

【效果所在位置】学习资源/Ch09/效果/化妆品主图.psd。

图9-8

（1）按Ctrl＋O组合键，打开学习资源中的"Ch09 > 素材 > 化妆品主图 > 01"文件，如图9-9所示。单击"图层"控制面板下方的"创建新的填充或调整图层"按钮，在弹出的菜单中选择"曲线"命令，在"图层"控制面板生成"曲线1"图层，同时弹出"曲线"面板，在曲线上单击鼠标添加控制点，将"输入"选项设为102，"输出"选项设为128，如图9-10所示，按Enter键确认操作，图像效果如图9-11所示。

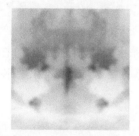

图9-9

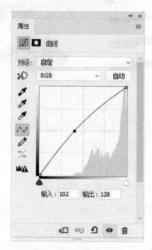

图9-10

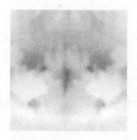

图9-11

（2）按Ctrl＋O组合键，打开学习资源中的"Ch09 > 素材 > 化妆品主图 > 02、03"文件，选择"移动"工具，将图片分别拖曳到图像窗口中适当的位置并调整大小，效果如图9-12所示。在"图层"控制面板中分别生成新图层并将其命名为"化妆品"和"花瓣"。

图9-12

（3）将"化妆品"图层拖曳到"图层"控制面板下方的"创建新图层"按钮上进行复制，生成新的图层"化妆品 拷贝"。按Ctrl+T组合键，图像周围出现变换框，在变换框中单击鼠标右键，在弹出的菜单中选择"垂直翻转"命令，垂直翻转图片，并拖曳到适当的位置，按Enter键确定操作，效果如图9-13所示。

图9-13

（4）选择"图像 > 调整 > 亮度/对比度"命令，在弹出的对话框中进行设置，如图9-14所示，单击"确定"按钮，效果如图9-15所示。在"图层"控制面板中，将"化妆品 拷贝"图层拖曳到"化妆品"图层的下方，图像效果如图9-16所示。

图9-14

图9-15　　　　　　　图9-16

（5）单击"图层"控制面板下方的"添加蒙版"按钮 ，为图层添加蒙版，如图9-17所示。选择"渐变"工具 ，单击属性栏中的"点按可编辑渐变"按钮 ，弹出"渐变编辑器"对话框，将渐变色设为从黑色到白色，按住Shift键的同时，在图像窗口中从下向上拖曳渐变色，效果如图9-18所示。

图9-17　　　　　　　图9-18

（6）新建图层组并将其命名为"水花"。按Ctrl＋O组合键，打开学习资源中的"Ch09 > 素材 > 化妆品主图 > 04"文件，选择"移动"工具 ，将图片拖曳到图像窗口中适当的位置并调整大小，效果如图9-19所示。在"图层"控制面板

中生成新图层并将其命名为"水花1"。在控制面板上方，将"水花1"图层的混合模式选项设为"线性加深"，图像效果如图9-20所示。

图9-19　　　　　　　图9-20

（7）单击"图层"控制面板下方的"添加蒙版"按钮 ，为图层添加蒙版，如图9-21所示。将前景色设为黑色。选择"画笔"工具 ，在属性栏中单击"画笔"选项，弹出画笔选择面板，选择需要的画笔形状，设置如图9-22所示。在图像窗口中拖曳鼠标擦除不需要的图像，效果如图9-23所示。

图9-21

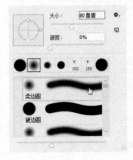 

图9-22　　　　　　　图9-23

（8）按Ctrl＋O组合键，打开学习资源中的"Ch09 > 素材 > 化妆品主图 > 05"文件，选择"移动"工具 ，将图片拖曳到图像窗口中适当的位置并调整大小，效果如图9-24所示。在"图层"控制面板中生成新图层并将其命名为"水花2"。在控制面板上方，将"水花2"图层的混合模式选项设为"正片叠底"，图像效果如图9-25所示。

图9-24　　　　　　　　图9-25

图9-28　　　　　　　　图9-29

（9）单击"图层"控制面板下方的"添加蒙版"按钮▣，为图层添加蒙版。选择"画笔"工具✐，在图像窗口中拖曳鼠标擦除不需要的图像，效果如图9-26所示。

（12）单击"图层"控制面板下方的"添加蒙版"按钮▣，为图层添加蒙版。选择"画笔"工具✐，在属性栏中单击"画笔"选项，弹出画笔选择面板，选择需要的画笔形状，设置如图9-30所示。在图像窗口中拖曳鼠标擦除不需要的图像，效果如图9-31所示。

图9-26

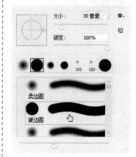

图9-30　　　　　　　　图9-31

（10）按Ctrl＋O组合键，打开学习资源中的"Ch09 > 素材 > 化妆品主图 > 06"文件，选择"移动"工具⊕，将图片拖曳到图像窗口中适当的位置并调整大小，效果如图9-27所示。在"图层"控制面板中生成新图层并将其命名为"水花3"。

（13）按Ctrl＋O组合键，打开学习资源中的"Ch09 > 素材 > 化妆品主图 > 07"文件，选择"移动"工具⊕，将图片拖曳到图像窗口中适当的位置并调整大小，效果如图9-32所示。在"图层"控制面板中生成新图层并将其命名为"水花4"。在控制面板上方，将"水花4"图层的混合模式选项设为"变暗"，图像效果如图9-33所示。

图9-27

（11）选择"魔棒"工具✐，在属性栏中将"容差"选项设为15，在图像窗口中的白色背景区域单击鼠标，图像周围生成选区，如图9-28所示。按Delete键，将所选区域删除。按Ctrl+D组合键，取消选区，效果如图9-29所示。

图9-32　　　　　　　　图9-33

（14）单击"图层"控制面板下方的"添加蒙版"按钮◻，为图层添加图层蒙版。选择"画笔"工具 ✐，在图像窗口中拖曳鼠标擦除不需要的图像，效果如图9-34所示。

（15）按Ctrl＋O组合键，打开学习资源中的"Ch09＞素材＞化妆品主图＞08"文件，选择"移动"工具 ✛，将图片拖曳到图像窗口中适当的位置并调整大小，效果如图9-35所示。在"图层"控制面板中生成新图层并将其命名为"水花5"。

图9-34　　　　　　　　图9-35

（16）在"图层"控制面板上方，将"水花5"图层的混合模式选项设为"变暗"，图像效果如图9-36所示。单击"图层"控制面板下方的"添加蒙版"按钮◻，为图层添加图层蒙版。选择"画笔"工具 ✐，在图像窗口中拖曳鼠标擦除不需要的图像，效果如图9-37所示。

图9-36　　　　　　　　图9-37

（17）将"水花4"图层拖曳到"图层"控制面板下方的"创建新图层"按钮◻上进行复制，生成新的图层"水花4 拷贝"。将前景色设为白色。选中"水花4 拷贝"图层的蒙版缩览图，按Alt+Delete组合键，用前景色填充蒙版。将前景色设为黑色。选择"画笔"工具 ✐，在图像窗口中拖曳鼠标擦除不需要的图像，效果如图9-38所示。

图9-38

（18）单击"水花"图层组左侧的 ⌄ 图标，将图层组中的图层隐藏。将"花瓣"图层拖曳到控制面板下方的"创建新图层"按钮◻上进行复制，生成新的图层"花瓣 拷贝"，将其拖曳到"水花"图层组的上方。在"图层"控制面板上方，将"花瓣 拷贝"图层的混合模式选项设为"正常"，图像效果如图9-39所示。

图9-39

（19）选择"磁性套索"工具 ⌗，在图像窗口中沿花瓣图像绘制选区，如图9-40所示。单击"图层"控制面板下方的"添加蒙版"按钮◻，为图层添加图层蒙版，图像效果如图9-41所示。

图9-40　　　　　　　　图9-41

（20）单击"图层"控制面板下方的"创建新的填充或调整图层"按钮 ◔，在弹出的菜单中选择"色相/饱和度"命令，在"图层"控制面板中生成"色相/饱和度1"图层,同时弹出"色相/饱和度"面板,选项的设置如图9-42所示,按Enter键确认操作,效果如图9-43所示。

图9-42　　　　　　　　图9-43

(21)将前景色设为粉色(其R、G、B的值分别为217、51、97)。选择"多边形"工具,在属性栏中将"边"选项设为24,单击属性栏中的按钮,在弹出的面板中进行设置,如图9-44所示,按住Shift键的同时,在图像窗口中绘制星形,效果如图9-45所示。

图9-44　　　　　　　　图9-45

(22)将前景色设为肤色(其R、G、B的值分别为240、230、221)。选择"椭圆"工具,按住Shift键的同时,在图像窗口中绘制圆形,如图9-46所示。在"图层"控制面板中生成新的图层"椭圆1"。

图9-46

(23)将"椭圆1"图层拖曳到"图层"控制面板下方的"创建新图层"按钮上进行复制,生成新的图层"椭圆1 拷贝"。按Ctrl+T组合键,在图像周围出现变换框,按住Alt+Shift组合键的同时,拖曳右上角的控制手柄等比例缩小图片,按Enter键确定操作。在属性栏中将"填充"颜色设为无,将"描边"颜色设为粉色(其R、G、B的值分别为217、51、97),将"描边宽度"选项设为2点,效果如图9-47所示。

(24)将前景色设为粉色(其R、G、B的值分别为217、51、97)。选择"横排文字"工具,在适当的位置输入需要的文字并选取文字,在属性栏中选择合适的字体并设置大小,单击"居中对齐文本"按钮,居中对齐文本,按Alt+向左方向键,调整文字到适当的间距,效果如图9-48所示。在"图层"控制面板中生成新的文字图层。

图9-47　　　　　　　　图9-48

(25)将前景色设为红色(其R、G、B的值分别为255、43、60)。在适当的位置输入需要的文字并选取文字,在属性栏中选择合适的字体并设置大小,按Alt+向左方向键,调整文字到适当的间距,效果如图9-49所示,在"图层"控制面板中生成新的文字图层。化妆品主图设计完成。

图9-49

9.2 悬浮导航区

商品橱窗下方左侧的位置为悬浮导航模块，包括本店搜索、宝贝分类、宝贝排行榜、收藏店铺、联系客服等信息，如图9-50所示。打开店铺中每一件商品的详情页后，悬浮导航模块都是一样的。

图9-50

9.3 商品描述区

悬浮导航的右侧为商品描述区，是对商品进行展示描述的区域。商品描述区的宽度为750像素，高度自定，由于描述区通常较长，因此分为几个模块进行设计，包括宝贝属性、广告海报、商品概述、商品展示和细节展示等模块。其中最上方的"宝贝属性"模块是系统默认的，不能自行设计，如图9-51所示。商品描述区设计的精致程度直接影响到买家对商品的认知。

图9-51

9.3.1 广告海报

详情页中的广告海报是对整个商品详情的浓缩展示，会将商品的卖点、品牌品质、促销方式等信息表现出来。当买家在商品描述区域继续浏览的时候，它能够迅速引起买家的兴趣和购买欲望。商品详情页的广告海报尺寸宽度为750像素，高度无限制。

在设计广告海报时，信息分层要合理、清晰，主题明确，将活动文案与视觉设计氛围相结合，突出商品的特性，明确受众人群。例如，在化妆品类商品的详情页中，根据受众人群的不同来确定不同的色彩搭配。受众为18~30岁的年轻女性的化妆品的广告海报通常使用清新、亮度高的色调，添加与商品特性有关的商品卖点文案，将商品特性表现出来，如图9-52所示。而针对成熟女性的高端护肤品的海报色调一般会使用金色、香槟色、紫色、大红等与黑色搭配，彰显成熟、高端、奢华气息，如图9-53所示。男士护肤品的广告海报则一般使用较为男性化的深蓝、深灰和黑色等深色系的颜色，严肃、深沉的色调能将商品特性衬托出来，如图9-54所示。

图9-52

图9-53

图9-54

9.3.2 商品概述

商品概述模块主要是用来介绍商品的使用方法、设计亮点、面料、功能特色，尺寸表或洗涤说明（服装类）等信息，如图9-55所示。商品概述模块在设计时要避免使用大量的文字对商品进行描述，而要对商品的特点、功能等进行归纳总结，通过文字和图片的完美搭配，以及合理的布局和版式规划，来提升文字的可读性。

图9-55

9.3.3 商品展示

1. 多角度展示

全方位展示商品的正面、侧面、背面等，让买家对商品有更清晰的了解，如图9-56所示。

图9-56

2. 颜色展示

　　同一款商品往往会有多种颜色，可以通过合理的布局和版式规划，将多种颜色介绍给买家，让买家有更多的选择，如图9-57所示。

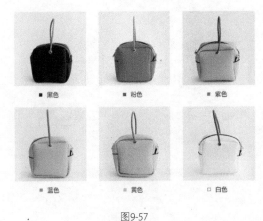

图9-57

3. 模特展示

　　服装或鞋等商品穿在模特身上，效果更加直观，给人的感觉最自然，如图9-58所示。

图9-58

4. 场景展示

　　将商品或模特放置在一个适合的场景中，可以增添商品的真实感，如图9-59所示。

图9-59

9.3.4　细节展示

　　细节决定成败，商品局部细节的展现对于网店商品的销售非常重要。买家只有通过查看商品的细节才能判断出商品的质量、工艺等相关信息，从而降低购买顾虑。根据不同的商品在外观、材质、功能等方面的差异，在设计商品细节展示模块时会采取不同的表现形式。例如，可以将商品先完整地展示出来，再把需要展示的局

部细节图片以放大镜的形式环绕在它的周围，如图9-60所示。也可以只将商品的局部细节放大即可，如图9-61所示。

图9-60

图9-61

9.4 课后习题1——制作商品主图

【**习题设计要点**】以一款电饭锅为素材，设计一个商品主图。要求添加商品卖点信息以及包退换等辅助信息，通过适当的几何图形的装饰以及文字、色彩的结合来突出商品信息，具体效果如图9-62所示。

【**习题知识要点**】使用移动工具、图层蒙版、画笔工具和钢笔工具绘制底图，使用图层样式和椭圆选框工具制作商品阴影，使用绘图工具绘制形状，使用横排文字工具和字符面板添加宣传文字。

【**素材所在位置**】学习资源/Ch09/素材/课后习题1/01~03。

【**效果所在位置**】学习资源/Ch09/效果/课后习题1.psd。

图9-62

9.5 课后习题2——制作商品广告海报

【**习题设计要点**】以一款女士面霜为素材，设计一个商品描述区中的商品广告海报。要求突出面霜的形象、特点，画面色彩要柔和，营造出纯天然、健康、名贵奢华的视觉效果，具体效果如图9-63所示。

【**习题知识要点**】使用移动工具和混合模式制作底图和装饰图片，使用调整层和画笔工具调整商品颜色，使用椭圆选框工具制作阴影，使用横排文字工具添加宣传文字。

【**素材所在位置**】学习资源/Ch09/素材/课后习题2/01~04。

【**效果所在位置**】学习资源/Ch09/效果/课后习题2.psd。

图9-63

第 *10* 章

商品详情页面整体设计

本章介绍

　　本章将以服装类网店和化妆品类网店为例，详细讲解使用Photoshop制作网店详情页的过程。学完本章内容，读者能够掌握网店详情页的设计思路和制作方法。

学习目标

◆ 熟练掌握服装类网店详情页的设计与制作方法。

◆ 掌握化妆品类网店详情页的设计与制作技巧。

10.1.1 案例分析

1. 设计要点

本案例是为一家女装专卖店中的一件裙子设计详情页。店主要求该页面要能清晰、准确地展示出裙子的特点以及详细的相关信息，在快速吸引买家眼球的同时还能消除买家的顾虑。在设计风格上要求简约、时尚，与首页风格保持一致。

详情页的主要内容包括商品主图、广告海报、裙子的面料介绍、尺码介绍、颜色介绍、洗涤说明、模特实拍图、细节展示图等内容，如图10-1所示。

图10-1

商品橱窗区里的商品主图，要能完整地展示出模特和裙子的全貌，设计时为了让买家将眼球集中到裙子上，不要添加过多的广告文字。

广告海报图采用杂志封面的设计风格，设计元素十分简约，给人以时尚感。通过简单的文字将裙子的卖点全部展示出来，以引起买家的注意。

产品信息描述区中添加了裙子的面料介绍、洗涤说明以及尺码表，为买家提供方便，同时也能节省客服的时间。这部分内容采用左图右文的布局形式，由于文字偏多，文字在段落的编排上全部采用左对齐，并利用文字的色彩、线条、色块等将段落与文字信息区分开，这样既有层次感又提升了内容的易读性。

模特展示区与颜色介绍区的内容都以图片为主，采用了等距等大的方块式布局。

细节展示区中图片采用错落有致的排列方式增加了画面的灵活性。同时，对细节的位置加以标注，便于买家理解细节图。

2. 配色方案

整个详情页的色调延续了首页的配色，大部分的设计元素以灰色为主，小部分的线条、装饰元素使用水红色，这样在风格上与首页保持统一，完整性好。案例配色如图10-2所示。

R255,G255,B255	R255,G242,B232	R237,G237,B237	R203,G35,B40	R111,G114,B127
C0,M0,Y0,K0	C0,M8,Y10,K0	C9,M7,Y7,K0	C25,M97,Y91,K0	C65,M55,Y44,K1

图10-2

10.1.2 案例制作

1. 制作商品橱窗区

（1）打开Photoshop软件，首先制作女装详情页中的"商品橱窗区"。按Ctrl+O组合键，打开学习资源中的"Ch10 > 素材 > 女装详情页 >

01"文件,如图10-3所示。

图10-3

(2)选择"裁剪"工具 ⌗.,在属性栏中单击 [原始比例 ▾] 选项,在弹出的菜单中选择"宽×高×分辨率",将右侧的"宽度"和"高度"选项设为400像素,"分辨率"选项设为72像素/英寸,在图像窗口中拖曳鼠标绘制裁剪框,如图10-4所示,按Enter键确定操作,效果如图10-5所示。

图10-4　　　　　图10-5

(3)按Shift+Ctrl+S组合键,弹出"另存为"对话框,命名为"商品橱窗区",单击"保存"按钮,保存图片。

2. 制作广告海报

(1)接下来制作女装详情页中的"产品海报"。按Ctrl+N组合键,新建一个文件,宽度为750像素,高度为450像素,分辨率为72像素/英寸,颜色模式为RGB,背景内容为白色,单击"确定"按钮。

(2)按Ctrl+O组合键,打开学习资源中的"Ch10 > 素材 > 女装详情页 > 02"文件,选择"移动"工具 ⊕.,将图片拖曳到图像窗口中适当的位置,效果如图10-6所示,在"图层"控制面板中生成新图层并将其命名为"底图"。

(3)新建图层并将其命名为"高光"。将前景色设为白色。选择"椭圆选框"工具 ○.,在属性栏中将"羽化"选项设为30像素,在图像窗口中绘制椭圆选区。按Alt+Delete组合键,用前景色填充选区。按Ctrl+D组合键,取消选区,效果如图10-7所示。

图10-6　　　　　图10-7

(4)在"图层"控制面板上方,将该图层的"不透明度"选项设为40%,如图10-8所示,按Enter键确认操作,效果如图10-9所示。

图10-8　　　　　图10-9

(5)选择"矩形"工具 ▭.,在属性栏的"选择工具模式"选项中选择"形状",将"填充"选项设为无,"描边"颜色设为黑色,"描边宽度"选项设为6点,在图像窗口中拖曳鼠标绘制矩形,效果如图10-10所示。

(6)选择"钢笔"工具 ⌀.,在适当的位置单击添加锚点,如图10-11所示。选择"直接选择"工具 ▸.,选取不需要的锚点,按Delete键,删除不需要的锚点,效果如图10-12所示。

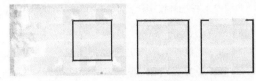

图10-10 图10-11 图10-12

（7）按Ctrl+O组合键，打开学习资源中的"Ch10 > 素材 > 女装详情页 > 03"文件，选择"移动"工具 ✛，将人物图片拖曳到图像窗口中适当的位置，效果如图10-13所示。在"图层"控制面板中生成新图层并将其命名为"人物"。

图10-13

（8）将前景色设为黑色。选择"横排文字"工具 T.，在适当的位置分别输入需要的文字并选取文字，在属性栏中分别选择合适的字体并设置大小。选取英文文字层，按Alt+向上方向键，调整文字到适当的间距，效果如图10-14所示。在"图层"控制面板中分别生成新的文字图层。

图10-14

（9）选取文字"WARDROBE"，在属性栏中将"文本颜色"设为红色（其R、G、B的值分别为203、33、40），填充文字。选取文字"新品优雅"，在属性栏中将"文本颜色"设为灰色（其R、G、B的值分别为96、96、96），填充文字，效果如图10-15所示。

图10-15

（10）选择"矩形"工具 ▢，在属性栏的"选择工具模式"选项中选择"形状"，将"填充"选项设为黑色，"描边"颜色设为无，在图像窗口中拖曳鼠标绘制矩形，效果如图10-16所示。

图10-16

（11）将前景色设为白色。选择"横排文字"工具 T.，在适当的位置输入需要的文字并选取文字，在属性栏中选择合适的字体并设置大小，效果如图10-17所示。在"图层"控制面板中生成新的文字图层。

2018/春季衣橱

图10-17

（12）按住Ctrl键的同时，将矩形和文字图层同时选取。按Ctrl+T组合键，矩形和文字周围出现变换框，拖曳鼠标旋转矩形和文字，按Enter键确定操作，效果如图10-18所示。用相同的方法制作下方的矩形和文字，效果如图10-19所示。

图10-18

图10-19

（13）将前景色设为白色。选择"椭圆"工具 ○，在属性栏的"选择工具模式"选项中选择"形状"，按住Shift键的同时，在图像窗口中拖曳鼠标绘制圆形，效果如图10-20所示。选择"移动"工具 ✛，按住Alt+Shift组合键的同时，将圆形拖曳到适当的位置，复制圆形，效果如图10-21所示。

图10-20 　　　　　　图10-21

（14）按Shift+Ctrl+S组合键，弹出"另存为"对话框，命名为"广告海报"，保存为JPEG格式，单击"保存"按钮，弹出"JPEG选项"对话框，单击"确定"按钮，将图像保存。

3. 制作产品信息

（1）接下来制作女装详情页中的"产品信息"。按Ctrl+N组合键，新建一个文件，宽度为750像素，高度为580像素，分辨率为72像素/英寸，颜色模式为RGB，背景内容为白色，单击"确定"按钮。

（2）选择"矩形"工具 ▢，在属性栏中将"填充"颜色设为红色（其R、G、B的值分别为203、33、40），"描边"颜色设为无，在图像窗口中绘制两个矩形，如图10-22所示。

（3）将前景色设为白色。选择"横排文字"工具 T，在适当的位置输入需要的文字并选取文字，在属性栏中选择合适的字体并设置大小，效果如图10-23所示。在"图层"控制面板中生成新的文字图层。

图10-22 　　　　　　图10-23

（4）选择"矩形"工具 ▢，在属性栏中将"填充"颜色设为红色（其R、G、B的值分别为203、33、40），"描边"颜色设为无，在图像窗口中绘制矩形，如图10-24所示。

图10-24

（5）单击"图层"控制面板下方的"添加图层样式"按钮 fx，在弹出的菜单中选择"图案叠加"命令，弹出对话框，单击"图案"选项右侧的按钮，弹出图案面板，单击面板右上方的按钮 ❖，在弹出的菜单中选择"Web图案"选项，弹出提示对话框，单击"追加"按钮。在面板中选择需要的图案，如图10-25所示。返回"图案叠加"对话框，其他选项的设置如图10-26所示，单击"确定"按钮，效果如图10-27所示。

图10-25

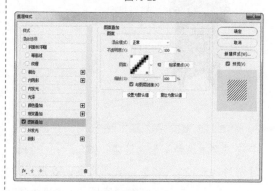

图10-26

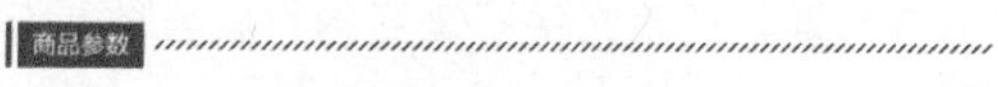

图10-27

（6）按Ctrl+O组合键，打开学习资源中的"Ch10 > 素材 > 女装详情页 > 04"文件，选择"移动"工具 ⊕，将图片拖曳到图像窗口中适当的位置，效果如图10-28所示。在"图层"控制面板中生成新图层并将其命名为"衣服"。

图10-28

（7）将前景色设为黑色。选择"横排文字"工具 T，在适当的位置分别输入需要的文字并选取文字，在属性栏中分别选择合适的字体并设置大小，效果如图10-29所示。在"图层"控制面板中分别生成新的文字图层。

图10-29

（8）选取文字"基本信息"，在属性栏中将"文本颜色"设为红色（其R、G、B的值分别为203、33、40），填充文字，效果如图10-30所示。选取下方的文字图层，按Alt+向下方向键，调整文字到适当的行距，效果如图10-31所示。

图10-30

图10-31

（9）新建图层并将其命名为"虚线"。选择"画笔"工具 ✐，单击属性栏中的"切换画笔设置面板"按钮 ☑，弹出"画笔设置"控制面板，设置如图10-32所示。按住Shift键的同时，在图像窗口中拖曳鼠标绘制虚线，效果如图10-33所示。

图10-32   图10-33

（10）选择"移动"工具 ⊕，按住Alt+Shift组合键的同时，在图像窗口中将虚线多次拖曳到适当的位置，复制虚线，效果如图10-34所示。

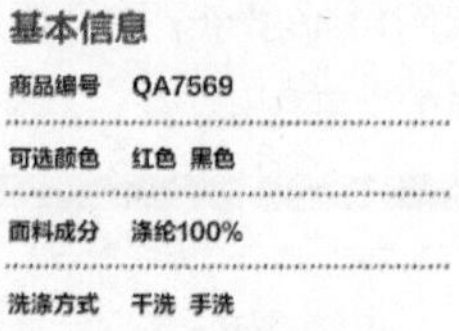

基本信息

商品编号 QA7569

可选颜色 红色 黑色

面料成分 涤纶100%

洗涤方式 干洗 手洗

图10-34

（11）用上述方法输入需要的文字，如图10-35所示。选择"直线"工具 ╱，在属性栏的"选择工具模式"选项中选择"形状"，将"粗细"选项设为1 px，按住Shift键的同时，在图像窗口中绘制直线，效果如图10-36所示。

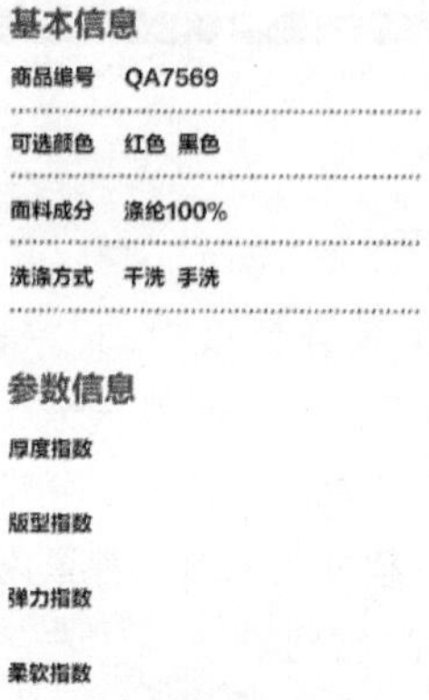

基本信息

商品编号 QA7569

可选颜色 红色 黑色

面料成分 涤纶100%

洗涤方式 干洗 手洗

参数信息

厚度指数

版型指数

弹力指数

柔软指数

图10-35

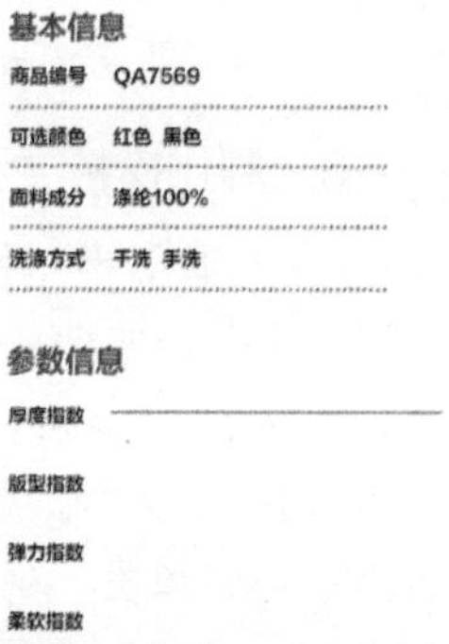

基本信息

商品编号 QA7569

可选颜色 红色 黑色

面料成分 涤纶100%

洗涤方式 干洗 手洗

参数信息

厚度指数

版型指数

弹力指数

柔软指数

图10-36

（12）选择"移动"工具 ⊕，按住Alt+Shift组合键的同时，在图像窗口中将直线多次拖曳到适当的位置，复制直线，效果如图10-37所示。

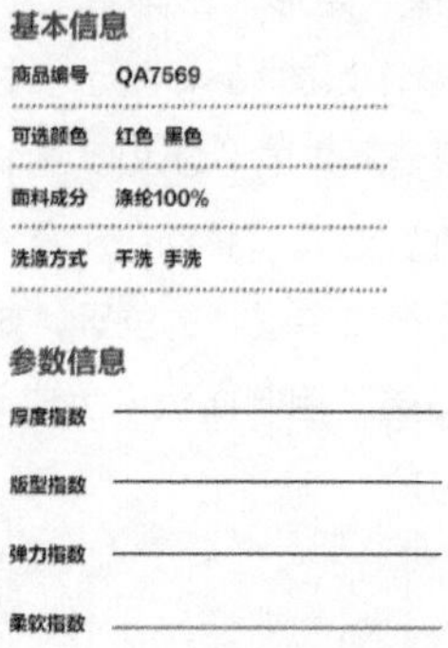

基本信息

商品编号 QA7569

可选颜色 红色 黑色

面料成分 涤纶100%

洗涤方式 干洗 手洗

参数信息

厚度指数

版型指数

弹力指数

柔软指数

图10-37

（13）将前景色设为黑色。选择"横排文字"工具 T，在适当的位置分别输入需要的文字并选取文字，在属性栏中分别选择合适的字体并设置大小，效果如图10-38所示。在"图层"控制面板中分别生成新的文字图层。

（14）将前景色设为红色（其R、G、B的值分别为191、0、9）。选择"椭圆"工具 ○，按住Shift键的同时，在图像窗口中拖曳鼠标绘制圆形。选择"移动"工具 ⊕，按住Alt+Shift组合键的同时，多次将圆形拖曳到适当的位置，复制圆形，效果如图10-39所示。

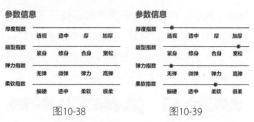

图10-38　　　图10-39

（15）按Ctrl+O组合键，打开学习资源中的"Ch10 > 素材 > 女装详情页 > 05"文件，选择"移动"工具 ⊕，将图片拖曳到图像窗口中适当的位置，效果如图10-40所示。在"图层"控制面板中生成新图层并将其命名为"图标"。

图10-40

（16）按Shift+Ctrl+S组合键，弹出"另存为"对话框，命名为"产品信息"，保存为JPEG格式，单出"保存"按钮，弹出"JPEG选项"对话框，单击"确定"按钮，将图像保存。

4. 制作尺码表

（1）接下来制作女装详情页中的"尺码表"。按Ctrl+N组合键，新建一个文件，宽度为

750像素，高度为61像素，分辨率为72像素/英寸，颜色模式为RGB，背景内容为白色，单击"确定"按钮。

（2）将前景色设为红色（其R、G、B的值分别为191、0、9）。选择"矩形"工具 ▢.，在属性栏的"选择工具模式"选项中选择"形状"，在图像窗口中绘制一个矩形，如图10-41所示。

（3）选择"移动"工具 ✛.，按住Alt+Shift组合键的同时，在图像窗口中将矩形拖曳到适当的位置，复制矩形。按Ctrl+T组合键，矩形周围出现变换框，向左拖曳右侧中间的控制手柄，调整其大小，按Enter键确定操作，效果如图10-42所示。用相同的方法复制并调整矩形，效果如图10-43所示。

图10-41　　　　图10-42

图10-43

（4）按住Shift键的同时，将需要的图层同时选取。在"图层"控制面板上方，将"不透明度"选项设为20%，如图10-44所示，按Enter键确定操作，图像效果如图10-45所示。

图10-44

图10-45

（5）将前景色设为黑色。选择"横排文字"工具 T.，在适当的位置分别输入需要的文字并选取文字，在属性栏中分别选择合适的字体并设置大小，效果如图10-46所示。在"图层"控制面板中分别生成新的文字图层。

尺码（cm）	肩宽	背长	臂宽/袖口宽	胸宽	全长
均码	31.5	44	16/23	44	88

图10-46

（6）分别选取需要的文字，在属性栏中将"文本颜色"设为白色，填充文字，效果如图10-47所示。按Shift+Ctrl+S组合键，弹出"另存为"对话框，命名为"尺码表"，保存为JPEG格式，单击"保存"按钮，弹出"JPEG选项"对话框，单击"确定"按钮，将图像保存。

尺码（cm）	肩宽	背长	臂宽/袖口宽	胸宽	全长
均码	31.5	44	16/23	44	88

图10-47

5. 制作模特展示区

（1）接下来制作女装详情页中的"模特展示区"。按Ctrl+N组合键，新建一个文件，宽度为750像素，高度为1465像素，分辨率为72像素/英寸，颜色模式为RGB，背景内容为白色，单击"确定"按钮。复制"产品信息"区域的标题栏，修改标题文字，如图10-48所示。

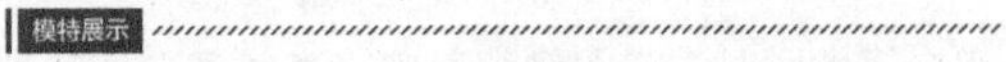

模特展示

图10-48

（2）选择"矩形"工具 ▢.，在图像窗口中绘制一个矩形，如图10-49所示。按Ctrl+O组合键，打开学习资源中的"Ch10 > 素材 > 女装详情页 > 06"文件，选择"移动"工具 ✛.，将人物图片拖曳到图像窗口中适当的位置，效果如图10-50所示。在"图层"控制面板中生成新图层并将其命名为"人物1"。

图10-49　　　　　　　　图10-50

（3）按Alt+Ctrl+G组合键，为"人物1"图层创建剪贴蒙版，图像效果如图10-51所示。选择"矩形"工具▢，在图像窗口中绘制一个矩形，如图10-52所示。

图10-51　　　　　　　　图10-52

（4）选择"移动"工具⊕，按住Alt+Shift组合键的同时，在图像窗口中将矩形拖曳到适当的位置，复制矩形，如图10-53所示。选中"矩形5"图层。按Ctrl+O组合键，打开学习资源中的"Ch10 > 素材 > 女装详情页 > 07"文件，选择"移动"工具⊕，将人物图片拖曳到图像窗口中适当的位置，效果如图10-54所示。在"图层"控制面板中生成新图层并将其命名为"人物2"。

图10-53　　　　　　　　图10-54

（5）按Alt+Ctrl+G组合键，为"人物2"图层创建剪贴蒙版，图像效果如图10-55所示。用相同的方法添加图片并创建剪贴蒙版，效果如图10-56所示。

图10-55

图10-56

（6）按Ctrl+O组合键，打开学习资源中的"Ch10 > 素材 > 女装详情页 > 14"文件，选择"移动"工具⊕，将文字图片拖曳到图像窗口中适当的位置，效果如图10-57所示。在"图层"控制面板中生成新图层并将其命名为"文字"。

图10-57

图10-57（续）

（7）按Shift+Ctrl+S组合键，弹出"另存为"对话框，命名为"模特展示区"，保存为JPEG格式，单击"保存"按钮，弹出"JPEG选项"对话框，单击"确定"按钮，将图像保存。

6. 制作颜色分类和产品细节

（1）使用相同的方法制作"颜色分类"和"产品细节"，如图10-58和图10-59所示。

图10-58

图10-59

（2）在"产品细节"图像窗口中，将前景色设为白色。选择"矩形"工具□，在图像窗口中绘制一个矩形，如图10-60所示。

图10-60

（3）单击"图层"控制面板下方的"添加图层样式"按钮 fx，在弹出的菜单中选择"投影"命令，在弹出的对话框中进行设置，如图10-61所示，单击"确定"按钮，效果如图10-62所示。用相同的方法制作下方的矩形并添加投影，效果如图10-63所示。

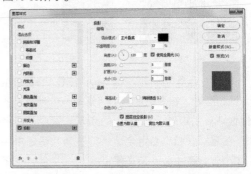

图10-61

图10-62

图10-63

栏中分别选择合适的字体并设置大小，效果如图10-67所示。在"图层"控制面板中分别生成新的文字图层。

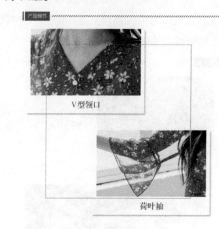

V型领口

荷叶袖

图10-65

（4）将前景色设为灰黑色（其R、G、B的值分别为34、34、34）。选择"横排文字"工具 **T.**，在适当的位置分别输入需要的文字并选取文字，在属性栏中分别选择合适的字体并设置大小，效果如图10-64所示。在"图层"控制面板中分别生成新的文字图层。

V型领口

荷叶袖

图10-64

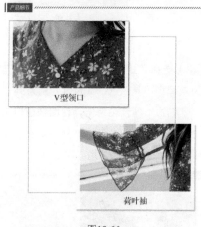

V型领口

荷叶袖

图10-66

（5）选择"矩形"工具 □，将"填充"选项设为无，"描边"颜色设为灰色（其R、G、B的值分别为121、121、121），"描边宽度"选项设为1点，在图像窗口中拖曳鼠标绘制矩形，效果如图10-65所示。

（6）在"图层"控制面板中，将"矩形13"拖曳到"矩形12 拷贝"图层的下方，效果如图10-66所示。选择"横排文字"工具 **T.**，在适当的位置分别输入需要的文字并选取文字，在属性

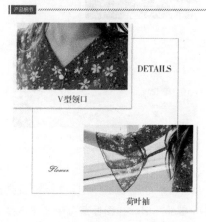

DETAILS

V型领口

Flower

荷叶袖

图10-67

（7）按Ctrl+O组合键，打开学习资源中的"Ch10 > 素材 > 女装详情页 > 13"文件，选择"移动"工具 ⊕.，将图片拖曳到图像窗口中适当的位置，效果如图10-68所示。在"图层"控制面板中生成新图层并将其命名为"花"。

图10-68

（8）选择"矩形"工具 ▢.，将"填充"选项设为灰黑色（其R、G、B的值分别为34、34、34），"描边"颜色设为无，在图像窗口中拖曳鼠标绘制矩形，效果如图10-69所示。在"图层"控制面板中生成新图层"矩形14"。

图10-69

（9）选择"花"图层。选择"移动"工具 ⊕.，按住Alt键的同时，在图像窗口中将花拖曳到适当的位置，复制花图像。在"图层"控制面板中，将拷贝图层拖曳到"矩形14"图层的上方，效果如图10-70所示。按Alt+Ctrl+G组合键，为"花 拷贝"图层创建剪贴蒙版，图像效果如图10-71所示。

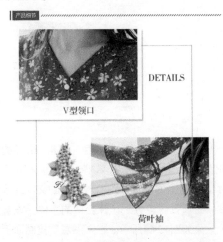

图10-70

图10-71

（10）按Shift+Ctrl+S组合键，弹出"另存为"对话框，命名为"产品细节"，保存为JPEG格式，单击"保存"按钮，弹出"JPEG选项"对话框，单击"确定"按钮，将图像保存。最后将各区域的图片导入详情页的模版中。

10.2 化妆品类网店详情页的设计与制作

10.2.1 案例分析

1. 设计要点

本案例是为一家化妆品专卖店中的一款补水面霜设计详情页。店主要求该页面在完美地展示商品外在价值的同时要能清晰、准确地说明面霜的功效以及成分、使用方法等相关信息，提升买家的信任。在设计风格上要求与首页风格保持一致。

详情页的主要内容包括商品主图、广告海报、产品信息、面霜的功效介绍、产品成分说明、使用方法说明、商品实拍图等内容，如图10-72所示。

商品橱窗区里的商品主图，要能完美、精致地展现面霜的全貌。为了表现出"植物纯正提取"的特点，在画面中点缀了红色花瓣素材来烘托商品，同时添加了通透感的背景和投影效果提升商品的品质感。

广告海报图继续沿用了主图的设计，根据面霜的保湿功效，在画面中添加了水滴素材，并通过简单的文字对面霜的功效进行介绍，让买家产生购买欲望。

产品信息描述区利用单纯的文字介绍了面霜的相关基本信息，一目了然。

制作痛点设计模块，是为了通过挖掘买家的痛点来告诉买家为什么要购买这款面霜，让买家好下决心购买。

商品功效介绍区中通过强烈的视觉效果将面霜的核心卖点展示出来，再通过图文对应的形式来强化买家关注的卖点，让商品的卖点更有说服力。

细节展示区中，通过商品的成分说明、使用方法和实拍图的展示，全方位地将商品的细节展示出来，以取得买家的信任。

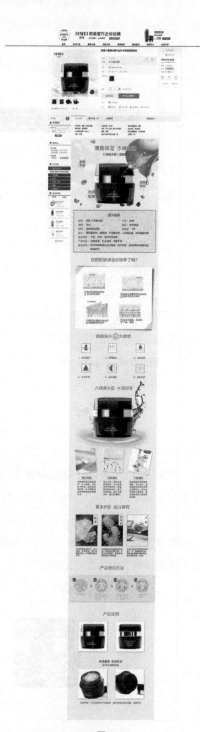

图10-72

2. 配色方案

整个详情页的色调延续了首页的配色，为了营造出女性的娇美，体现出面霜充沛的滋润能量，整个背景以浅红色为主，这样在风格上与首页保持统一，完整性好。案例配色如图10-73所示。

R255,G255,B255	R254,G230,B230	R254,G0,B0	R179,G0,B0	R0,G0,B0
C0,M0,Y0,K0	C0,M15,Y7,K0	C0,M90,Y95,K0	C33,M100,Y100,K3	C93,M88,Y87,K80

图10-73

10.2.2 案例制作

1. 制作商品橱窗区

（1）打开Photoshop软件，首先制作化妆品详情页中的"商品橱窗区"。按Ctrl+N组合键，新建一个文件，宽度为400像素，高度为400像素，分辨率为72像素/英寸，颜色模式为RGB，背景内容为白色，单击"确定"按钮。

（2）按Ctrl+O组合键，打开学习资源中的"Ch10 > 素材 > 化妆品详情页 > 01、02"文件，选择"移动"工具 ，将图片分别拖曳到图像窗口中适当的位置，效果如图10-74所示，在"图层"控制面板中分别生成新图层并将其命名为"风景"和"雪花"。

（3）按Ctrl+O组合键，打开学习资源中的"Ch10 > 素材 > 化妆品详情页 > 03"文件，选择"移动"工具 ，将图片拖曳到图像窗口中适当的位置，效果如图10-75所示。在"图层"控制面板中生成新图层并将其命名为"化妆品"。

图10-74　　　　　图10-75

（4）按Ctrl+J组合键，复制"化妆品"图层，生成新的图层"化妆品 拷贝"。按Ctrl+T组合键，图像周围出现变换框，将变换点向下拖曳到适当的位置，如图10-76所示，在变换框中单击鼠标右键，在弹出的菜单中选择"垂直翻转"命令，垂直翻转图像，按Enter键确定操作，效果如图10-77所示。

图10-76　　　　　图10-77

（5）单击"图层"控制面板下方的"添加蒙版"按钮 ，为图层添加图层蒙版。选择"渐变"工具 ，单击属性栏中的"点按可编辑渐变"按钮 ，弹出"渐变编辑器"对话框，将渐变色设为从黑色到白色，单击"确定"按钮。在图像窗口中从下向上拖曳鼠标填充渐变色，效果如图10-78所示。在"图层"控制面板中，将"化妆品 拷贝"图层拖曳到"雪花"图层的下方，图像效果如图10-79所示。

图10-78　　　　　图10-79

（6）按Ctrl+O组合键，打开学习资源中的"Ch10 > 素材 > 化妆品详情页 > 04"文件，选择"移动"工具 ，将图片拖曳到图像窗口中适当的位置，效果如图10-80所示。在"图层"控制面板中生成新图层并将其命名为"花瓣"。

（7）将前景色设为红色（其R、G、B的值分别为179、0、0）。选择"横排文字"工具 T,，在适当的位置分别输入需要的文字并选取文字，在属性栏中分别选择合适的字体并设置大小，效果如图10-81所示。在"图层"控制面板中生成新的文字图层。

图10-80　　　　　　图10-81

（8）按Shift+Ctrl+S组合键，弹出"另存为"对话框，命名为"商品橱窗区"，保存为JPEG格式，单击"保存"按钮，弹出"JPEG选项"对话框，单击"确定"按钮，将图像保存。

2. 制作广告海报

（1）接下来制作化妆品详情页中的"产品海报"。按Ctrl+N组合键，新建一个文件，宽度为760像素，高度为600像素，分辨率为72像素/英寸，颜色模式为RGB，背景内容为白色，单击"确定"按钮。将前景色设为粉红色（其R、G、B的值分别为254、230、230）。按Alt+Delete组合键，用前景色填充"背景"图层，如图10-82所示。

（2）按Ctrl+O组合键，打开学习资源中的"Ch10 > 素材 > 化妆品详情页 > 05"文件，选择"移动"工具 ⊕,，将图片拖曳到图像窗口中适当的位置，效果如图10-83所示。在"图层"控制面板中生成新图层并将其命名为"天空"。

图10-82　　　　　　图10-83

（3）在"图层"控制面板上方，将"天空"图层的混合模式选项设为"叠加"，图像效果如图10-84所示。单击"图层"控制面板下方的"添加蒙版"按钮 ▫，为"天空"图层添加图层蒙版。

图10-84

（4）将前景色设为黑色。选择"画笔"工具 ✓,，在属性栏中单击"画笔"选项，弹出画笔选择面板，在面板中选择需要的画笔形状，设置如图10-85所示，在属性栏中将"不透明度"选项设为60%，在图像窗口中进行涂抹擦除不需要的部分，效果如图10-86所示。

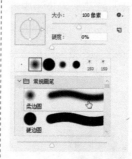 

图10-85　　　　　　图10-86

（5）按Ctrl+O组合键，打开学习资源中的"Ch10 > 素材 > 化妆品详情页 > 03、06"文件，选择"移动"工具 ⊕,，将图片分别拖曳到图像窗口中适当的位置，效果如图10-87所示。在"图层"控制面板中分别生成新图层并将其命名为"化妆品"和"花瓣"。

图10-87

（6）单击"图层"控制面板下方的"创建新的填充或调整图层"按钮，在弹出的菜单中选择"色相/饱和度"命令，在"图层"控制面板中生成"色相/饱和度1"图层，同时弹出"色相/饱和度"面板，选项的设置如图10-88所示，按Enter键确定操作，效果如图10-89所示。

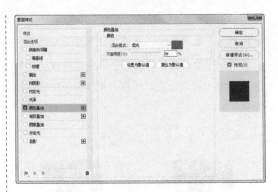

图10-91

图10-88　　　　图10-89

（7）按Ctrl+O组合键，打开学习资源中的"Ch10 > 素材 > 化妆品详情页 > 07"文件，选择"移动"工具，将图片拖曳到图像窗口中适当的位置，效果如图10-90所示。在"图层"控制面板中生成新图层并将其命名为"花瓣1"。

图10-92

（9）按Ctrl+O组合键，打开学习资源中的"Ch10 > 素材 > 化妆品详情页 > 04、08、09"文件，选择"移动"工具，将图片分别拖曳到图像窗口中适当的位置，效果如图10-93所示。在"图层"控制面板中分别生成新图层并将其命名为"花瓣2""星光"和"泡泡"。

（10）在"图层"控制面板上方，将"泡泡"图层的混合模式选项设为"滤色"，图像效果如图10-94所示。

图10-90

（8）单击"图层"控制面板下方的"添加图层样式"按钮，在弹出的菜单中选择"颜色叠加"命令，弹出对话框，将叠加颜色设为红色（其R、G、B的值分别为255、0、0），其他选项的设置如图10-91所示，单击"确定"按钮，效果如图10-92所示。

图10-93　　　　图10-94

（11）单击"图层"控制面板下方的"添加图层样式"按钮，在弹出的菜单中选择"颜色叠加"命令，弹出对话框，将叠加颜色设为红色（其R、G、B的值分别为255、0、0），其他选项的设置如图10-95所示，单击"确定"按钮，效果如图10-96所示。

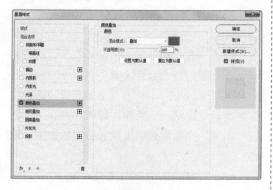

图10-95

图10-96

（12）将前景色设为红色（其R、G、B的值分别为202、0、22）。选择"横排文字"工具 T.，在适当的位置输入需要的文字并选取文字，在属性栏中选择合适的字体并设置大小，效果如图10-97所示。在"图层"控制面板中生成新的文字图层。使用相同方法制作其他气泡，效果如图10-98所示。

图10-97

图10-98

（13）将前景色设为黑灰色（其R、G、B的值分别为34、34、34）。选择"横排文字"工具 T.，在适当的位置分别输入需要的文字并选取文字，在属性栏中分别选择合适的字体并设置大小，效果如图10-99所示。在"图层"控制面板中分别生成新的文字图层。

图10-99

（14）单击"图层"控制面板下方的"添加图层样式"按钮 fx.，在弹出的菜单中选择"描边"命令，弹出对话框，将描边颜色设为白色，其他选项的设置如图10-100所示，单击"确定"按钮，效果如图10-101所示。

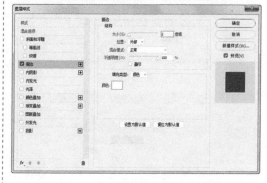

图10-100

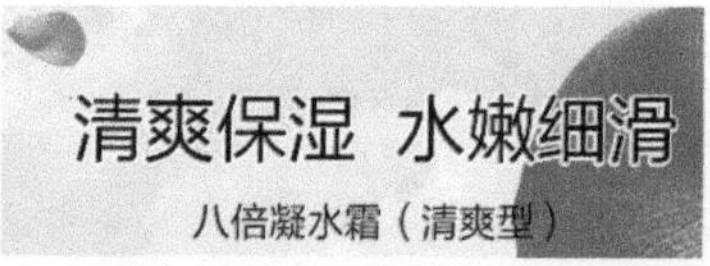

清爽保湿　水嫩细滑

八倍凝水霜（清爽型）

图10-101

（15）单击"图层"控制面板下方的"添加图层样式"按钮 fx.，在弹出的菜单中选择"渐变叠加"命令，弹出对话框，单击"渐变"选项右侧的"点按可编辑渐变"按钮 ，弹出"渐变编辑器"对话框，在"位置"选项中分别输入0、50、100三个位置点，设置三个位置点颜色的RGB值分别为0（202、0、22）、50（255、0、102）、100（202、0、22），如图10-102所示，单击"确定"按钮。

（16）返回到"渐变叠加"对话框，其他选项的设置如图10-103所示，单击"确定"按钮，效果如图10-104所示。按Shift+Ctrl+S组合键，弹出"另存为"对话框，命名为"产品海报"，保存为JPEG格式，单击"保存"按钮，弹出"JPEG选项"对话框，单击"确定"按钮，将图像保存。

图10-102

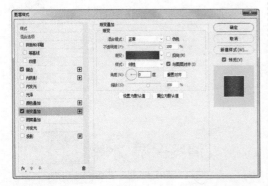

图10-103

图10-104

3. 制作产品信息

（1）接下来制作化妆品详情页中的"产品信息"。按Ctrl+N组合键，新建一个文件，宽度为760像素，高度为370像素，分辨率为72像素/英寸，颜色模式为RGB，背景内容为白色，单击"确定"按钮。将前景色设为粉红色（其R、G、B的值分别为254、230、230）。按Alt+Delete组合键，用前景色填充"背景"图层，如图10-105所示。

（2）选择"矩形"工具口，在属性栏中将"填充"颜色设为肤色（其R、G、B的值分别为253、230、221），"描边"颜色设为无，在图像窗口中绘制一个矩形，如图10-106所示。在"图层"控制面板中生成新的形状图层"矩形1"。

图10-105　　　　　　　图10-106

（3）单击"图层"控制面板下方的"添加图层样式"按钮，在弹出的菜单中选择"颜色叠加"命令，弹出对话框，将叠加颜色设为肤色（其R、G、B的值分别为253、230、221），其他选项的设置如图10-107所示。

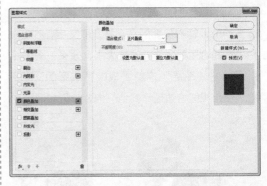

图10-107

（4）选择"图案叠加"选项，弹出对话框，单击"图案"选项右侧的按钮，弹出图案选择面板，单击面板右上方的按钮，在弹出的菜单中选择"艺术表面"选项，弹出提示对话框，单击"追加"按钮。在图案选择面板中选择需要的图案，如图10-108所示。返回到"图案叠加"对话框，其他选项的设置如图10-109所示，单击"确定"按钮，效果如图10-110所示。

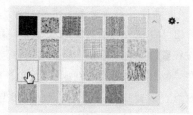

图10-108

图10-109

图10-110

（5）选择"矩形"工具 □，在属性栏中将"填充"颜色设为无，"描边"颜色设为暗灰色（其R、G、B的值分别为34、34、34），"描边宽度"设为1点，在图像窗口中绘制一个矩形，如图10-111所示。在"图层"控制面板中生成新的形状图层"矩形2"。

图10-111

（6）将前景色设为褐色（其R、G、B的值分别为81、33、13）。选择"横排文字"工具 T.，在适当的位置输入需要的文字并选取文字，在属性栏

中选择合适的字体并设置大小，效果如图10-112所示。在"图层"控制面板中生成新的文字图层。

图10-112

（7）将前景色设为暗灰色（其R、G、B的值分别为34、34、34）。选择"横排文字"工具 T.，在适当的位置分别输入需要的文字并选取文字，在属性栏中分别选择合适的字体并设置大小，效果如图10-113所示。在"图层"控制面板中分别生成新的文字图层。

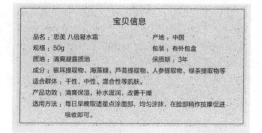

图10-113

（8）选择"横排文字"工具 T.，分别选取需要的文字，在属性栏中将"文本颜色"设为红色（其R、G、B的值分别为202、0、22），填充文字，效果如图10-114所示。按Shift+Ctrl+S组合键，弹出"另存为"对话框，命名为"产品信息"，保存为JPEG格式，单击"保存"按钮，弹出"JPEG选项"对话框，单击"确定"按钮，将图像保存。

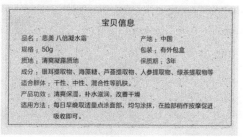

图10-114

4. 制作焦点设计

（1）接下来制作化妆品详情页中的"焦点设计"。按Ctrl+N组合键，新建一个文件，宽度为760像素，高度为1070像素，分辨率为72像素/英寸，颜色模式为RGB，背景内容为白色，单击"确定"按钮。复制"产品海报"区域的天空图片，并调整其位置和大小，如图10-115所示。

（2）将前景色设为暗灰色（其R、G、B的值分别为34、34、34）。选择"横排文字"工具，在适当的位置分别输入需要的文字并选取文字，在属性栏中分别选择合适的字体并设置大小，效果如图10-116所示，在"图层"控制面板中生成新的文字图层。

| 图10-115 | 图10-116 |

（3）单击"图层"控制面板下方的"添加图层样式"按钮，在弹出的菜单中选择"描边"命令，弹出对话框，将描边颜色设为白色，其他选项的设置如图10-117所示。

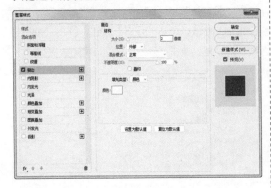

图10-117

（4）选择"渐变叠加"选项，弹出对话框，单击"渐变"选项右侧的"点按可编辑渐变"按钮，弹出"渐变编辑器"对话框，在"位置"选项中分别输入0、50、100三个位置点，设置三个位置点颜色的RGB值分别为0（202、0、22）、50（255、0、102）、100（202、0、22），如图10-118所示，单击"确定"按钮。返回到"渐变叠加"对话框，其他选项的设置如图10-119所示，单击"确定"按钮，效果如图10-120所示。

图10-118

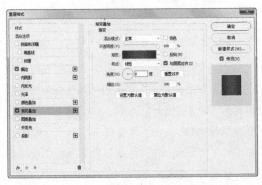

图10-119

你的肌肤准备好换季了吗？

图10-120

（5）选择"矩形"工具，在属性栏中将"填充"颜色设为黑色，"描边"颜色设为无，在图像窗口中绘制一个矩形，如图10-121所示。在"图层"控制面板中生成新的形状图层"矩形1"。

（6）单击"图层"控制面板下方的"添加图层样式"按钮 *fx.*，在弹出的菜单中选择"图案叠加"命令，弹出对话框，单击"图案"选项右侧的按钮，弹出图案选择面板，单击面板右上方的按钮 *o.*，在弹出的菜单中选择"彩色纸"选项，弹出提示对话框，单击"追加"按钮。在图案选择面板中选择需要的图案，如图10-122所示。返回到"图案叠加"对话框，其他选项的设置如图10-123所示，单击"确定"按钮，效果如图10-124所示。

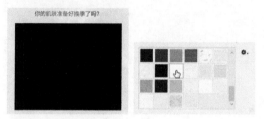

图10-121　　　　　　　图10-122

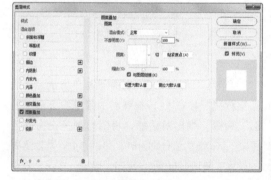

图10-123

图10-124

（7）选择"钢笔"工具 *o.*，在属性栏的"选择工具模式"选项中选择"形状"，将"填充"颜色设为深灰色（其R、G、B的值分别为93、93、93），"描边"颜色设为无，在图像窗口中绘制形状，如图10-125所示。在"图层"控制面板中生成新的形状图层"形状1"。

图10-125

（8）选择"滤镜 > 模糊 > 高斯模糊"命令，在弹出的对话框中进行设置，如图10-126所示，单击"确定"按钮，效果如图10-127所示。

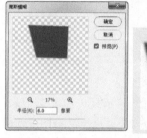

图10-126　　　　　　　图10-127

（9）在"图层"控制面板中，将"形状1"图层拖曳到"矩形1"图层的下方，图像效果如图10-128所示。选中"矩形1"图层，选择"图层 > 栅格化 > 图层样式"命令，将带有图层样式的图层转化为图像图层。

（10）选择"钢笔"工具 *o.*，在属性栏中将"填充"颜色设为灰色（其R、G、B的值分别为210、200、198），"描边"颜色设为无，在图像窗口中绘制三角形状，如图10-129所示。在"图层"控制面板中生成新的形状图层"形状2"。

图10-128　　　　　　　图10-129

（11）按Ctrl+J组合键，复制"形状2"图层，生成新的图层"形状2 拷贝"。按Ctrl+T组合键，图像周围出现变换框，在变换框中单击鼠标右键，在弹出的菜单中选择"旋转180度"命令，将形状旋转180度，并向下拖曳到适当的位置，按Enter键确定操作，效果如图10-130所示。

（12）在"图层"控制面板中，按住Shift键的同时，单击"形状2"图层，将"形状2 拷贝"图层同时选取。按Alt+Ctrl+G组合键，为选中图层创建剪贴蒙版，图像效果如图10-131所示。

图10-130　　　　图10-131

（13）按Ctrl+O组合键，打开学习资源中的"Ch10 > 素材 > 化妆品详情页 > 10、11、12、13"文件，选择"移动"工具 ⊕，将图片分别拖曳到图像窗口中适当的位置，效果如图10-132所示。在"图层"控制面板中分别生成新图层并将其命名为"水分流失""干燥缺水""肌肤受损"和"肌肤粗糙"。

（14）将前景色设为褐色（其R、G、B的值分别为81、33、13）。选择"横排文字"工具 T，在适当的位置分别输入需要的文字并选取文字，在属性栏中分别选择合适的字体并设置大小，效果如图10-133所示。在"图层"控制面板中分别生成新的文字图层。

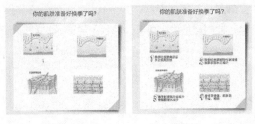

图10-132　　　　图10-133

（15）选中"1"文字图层，在"图层"控制面板上方，将该文字图层的"填充"选项设为0%。单击"图层"控制面板下方的"添加图层

样式"按钮 fx，在弹出的菜单中选择"描边"命令，弹出对话框，将描边颜色设为褐色（其R、G、B的值分别为81、33、13），其他选项的设置如图10-134所示，单击"确定"按钮，效果如图10-135所示。

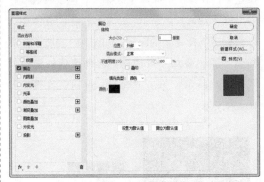

图10-134

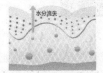

图10-135

（16）单击"图层"控制面板下方的"添加图层样式"按钮 fx，在弹出的菜单中选择"投影"命令，弹出对话框，将阴影颜色设为褐色（其R、G、B的值分别为81、33、13），其他选项的设置如图10-136所示，单击"确定"按钮，效果如图10-137所示。使用相同方法输入其他文字并拷贝相同的图层样式，效果如图10-138所示。

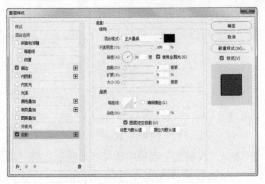

图10-136

图10-137

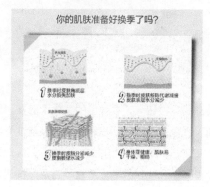

图10-138

（17）复制并修改标题文字，如图10-139所示。选择"椭圆"工具 ◯，在属性栏中将"填充"颜色设为无，"描边"颜色设为玫红色（其R、G、B的值分别为229、0、79），"描边宽度"设为3点，按住Shift键的同时，在图像窗口中绘制一个圆形，如图10-140所示，在"图层"控制面板中生成新的形状图层"椭圆1"。

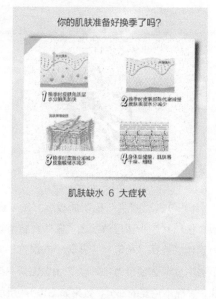

图10-139

图10-140

（18）按Ctrl+O组合键，打开学习资源中的"Ch10 > 素材 > 化妆品详情页 > 14"文件，选择"移动"工具 ✛，将图片拖曳到图像窗口中适当的位置，效果如图10-141所示，在"图层"控制面板中生成新图层并将其命名为"肤色暗沉"。

图10-141

（19）将前景色设为红色（其R、G、B的值分别为205、0、26）。选择"横排文字"工具 T，在适当的位置输入需要的文字并选取文字，在属性栏中选择合适的字体并设置大小，效果如图10-142所示，在"图层"控制面板中生成新的文字图层。

图10-142

（20）选择"直线"工具 ╱，在属性栏中将"填充"颜色设为灰色（其R、G、B的值分别为214、214、214），"粗细"选项设为1 px，按住Shift键的同时，在图像窗口中绘制竖线，效果如图10-143所示。在"图层"控制面板中生成新的形状图层"形状3"。

（21）使用相同的方法置入其他素材并制作如图10-144所示的效果。按Shift+Ctrl+S组合键，弹出"另存为"对话框，命名为"焦点设计"，保存为JPEG格式，单击"保存"按钮，弹出"JPEG选项"对话框，单击"确定"按钮，将图像保存。

图10-143

图10-144

5. 制作商品功效介绍区

（1）接下来制作化妆品详情页中的"商品功效介绍区"。按Ctrl+N组合键，新建一个文件，宽度为760像素，高度为1029像素，分辨率为72像素/英寸，颜色模式为RGB，背景内容为白色，单击"确定"按钮。复制"产品海报"区域的化妆品、气泡和标题，调整其位置和大小，并修改标题文字，如图10-145所示。

（2）按Ctrl+O组合键，打开学习资源中的"Ch10 > 素材 > 化妆品详情页 > 20"文件，选择"移动"工具 ⊕，将图片拖曳到图像窗口中适当的位置，效果如图10-146所示。在"图层"控制面板中生成新图层并将其命名为"水花"。

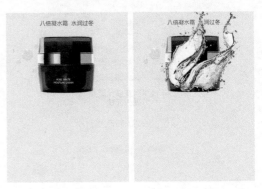

图10-145　　　　　　图10-146

（3）单击"图层"控制面板下方的"添加图层样式"按钮 ƒx，在弹出的菜单中选择"颜色叠加"命令，弹出对话框，将叠加颜色设为红色（其R、G、B的值分别为255、0、0），其他选项的设置如图10-147所示，单击"确定"按钮，效果如图10-148所示。

图10-147

图10-148

（4）单击"图层"控制面板下方的"添加蒙版"按钮 ▢，为图层添加图层蒙版。将前景色设为黑色。选择"画笔"工具 ✐，在属性栏中将"不透明度"选项设为100%。在图像窗口中进行涂抹，擦除不需要的部分，效果如图10-149所示。

图10-149

（5）在"图层"控制面板中，将"水花"图层拖曳到"化妆品"图层的下方，图像效果如图10-150所示。

图10-150

（6）使用相同的方法置入素材并制作如图10-151所示的效果。选择"圆角矩形"工具 □，在属性栏中将"填充"颜色设为白色，"描边"颜色设为无，"半径"选项设为10像素，在图像窗口中绘制一个圆角矩形，如图10-152所示。

图10-151　　　　　图10-152

（7）单击"图层"控制面板下方的"添加图层样式"按钮 ƒ，在弹出的菜单中选择"描边"命令，弹出对话框，将描边颜色设为白色，其他选项的设置如图10-153所示。选择"投影"命令，切换到相应的对话框，设置如

图10-154所示，单击"确定"按钮，效果如图10-155所示。

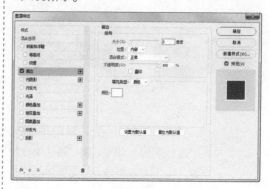

图10-153

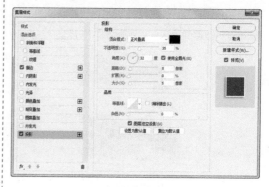

图10-154

图10-155

（8）按Ctrl+O组合键，打开学习资源中的"Ch10 > 素材 > 化妆品详情页 > 22"文件，选择"移动"工具 ⊹，将图片拖曳到图像窗口中适当的位置，效果如图10-156所示。在"图层"控制面板中生成新图层并将其命名为"持久保湿"。按Alt+Ctrl+G组合键，为"持久保湿"图层创建剪贴蒙版，图像效果如图10-157所示。

图10-156　　　　　　　图10-157

（9）在"图层"控制面板中，按住Shift键的同时，单击"圆角矩形1"图层，将"持久保湿"图层同时选取。按Ctrl+T组合键，在图像周围出现变换框，将光标放在变换框的控制手柄外边，光标变为旋转图标↻，拖曳鼠标将图像旋转到适当的角度，按Enter键确定操作，效果如图10-158所示。

图10-158

（10）将前景色设为暗黑色（其R、G、B的值分别为34、34、34）。选择"横排文字"工具 T.，在适当的位置分别输入需要的文字并选取文字，在属性栏中分别选择合适的字体并设置大小，效果如图10-159所示。在"图层"控制面板中分别生成新的文字图层。

（11）选取需要的文字，在属性栏中将"文本颜色"设为暗红色（其R、G、B的值分别为151、0、0），填充文字，效果如图10-160所示。选择"直线"工具 ╱，在属性栏中将"描边"颜色设为暗红色（其R、G、B的值分别为151、0、0），"粗细"选项设为1px，单击 ▭ 选项，在弹出的面板中选择需要的类型，如图10-161所示，按住Shift键的同时，在图像窗口中绘制虚线，效果如图10-162所示，在"图层"控制面板中生成新的形状图层"形状1"。

图10-159　　　　　　　图10-160

图10-161　　　　　　　图10-162

（12）使用相同的方法置入其他素材并制作如图10-163所示的效果。按Shift+Ctrl+S组合键，弹出"另存为"对话框，命名为"商品功效介绍区"，保存为JPEG格式，单击"保存"按钮，弹出"JPEG选项"对话框，单击"确定"按钮，将图像保存。

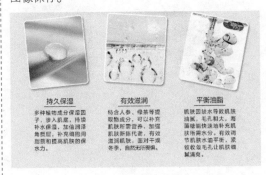

图10-163

6. 制作商品成分说明区

（1）接下来制作化妆品详情页中的"商品成分说明区"。按Ctrl+N组合键，新建一个文件，宽度为760像素，高度为500像素，分辨率为72像素/英寸，颜色模式为RGB，背景内容为白色，单击

"确定"按钮。复制"产品海报"区域的标题，调整其大小，并修改标题文字，如图10-164所示。

图10-164

（2）按Ctrl+O组合键，打开学习资源中的"Ch10 > 素材 > 化妆品详情页 > 25"文件，选择"移动"工具 ，将图片拖曳到图像窗口中适当的位置，效果如图10-165所示。在"图层"控制面板中生成新图层并将其命名为"银耳"。

图10-165

（3）单击"图层"控制面板下方的"添加图层样式"按钮 ，在弹出的菜单中选择"描边"命令，弹出对话框，将描边颜色设为深红色（其R、G、B的值分别为132、0、0），其他选项的设置如图10-166所示，单击"确定"按钮，效果如图10-167所示。

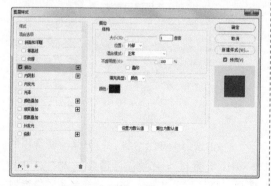

图10-166

图10-167

（4）将前景色设为暗黑色（其R、G、B的值分别为34、34、34）。选择"横排文字"工具 ，在适当的位置输入需要的文字并选取文字，在属性栏中选择合适的字体并设置大小，效果如图10-168所示。在"图层"控制面板中生成新的文字图层。

图10-168

（5）使用相同的方法置入其他素材并制作如图10-169所示的效果。按Shift+Ctrl+S组合键，弹出"另存为"对话框，命名为"商品成分说明区"，保存为JPEG格式，单击"保存"按钮，弹出"JPEG选项"对话框，单击"确定"按钮，将图像保存。

图10-169

7. 制作商品使用方法区

（1）接下来制作化妆品详情页中的"商品使用方法区"。按Ctrl+N组合键，新建一个文件，宽度为760像素，高度为400像素，分辨率为72像素/英寸，颜色模式为RGB，背景内容为白色，单击"确定"按钮。复制"产品海报"区域的标题，调整其大小，并修改标题文字，如图10-170所示。

图10-170

（2）选择"圆角矩形"工具 □，在属性栏中将"填充"颜色设为黑色，"描边"颜色设为无，"半径"选项设为10像素，在图像窗口中绘制一个圆角矩形，如图10-171所示。

图10-171

（3）单击"图层"控制面板下方的"添加图层样式"按钮 fx，在弹出的菜单中选择"图案叠加"命令，弹出对话框，单击"图案"选项右侧的按钮，在弹出的图案选择面板中选择需要的图案，如图10-172所示。返回到"图案叠加"对话框，其他选项的设置如图10-173所示。选择"投影"命令，切换到相应的对话框，设置如图10-174所示，单击"确定"按钮，效果如图10-175所示。

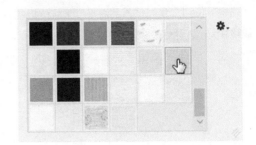

图10-172

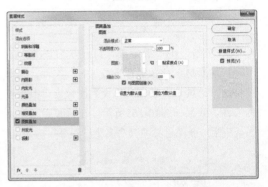

图10-173

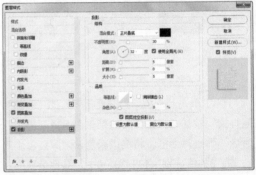

图10-174

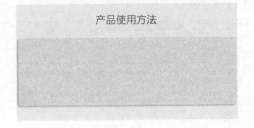

图10-175

（4）按Ctrl+O组合键，打开学习资源中的"Ch10 > 素材 > 化妆品详情页 > 28"文件，选择"移动"工具 ⊕，将图片拖曳到图像窗口中适当的位置，效果如图10-176所示。在"图层"控制面板中生成新图层并将其命名为"图片1"。在"图层"控制面板上方，将该图层的混合模式选项设为"正片叠底"，图像效果如图10-177所示。

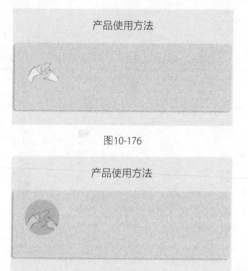

图10-176

图10-177

（5）选择"椭圆"工具 ○.，在属性栏中将"填充"颜色设为黄绿色（其R、G、B的值分别为90、73、9），"描边"颜色设为无，按住Shift键的同时，在图像窗口中绘制一个圆形，如图10-178所示。

（6）将前景色设为白色。选择"横排文字"工具 T.，在适当的位置输入需要的文字并选取文字，在属性栏中选择合适的字体并设置大小，效果如图10-179所示。在"图层"控制面板中生成新的文字图层。

图10-178

图10-179

（7）将前景色设为浅黑色（其R、G、B的值分别为145、145、145）。选择"横排文字"工具 T.，在适当的位置输入需要的文字并选取文字，在属性栏中选择合适的字体并设置大小，效果如图10-180所示。在"图层"控制面板中生成新的文字图层。选取需要的文字，在属性栏中将"文本颜色"设为黄绿色（其R、G、B的值分别为90、73、9），填充文字，效果如图10-181所示。

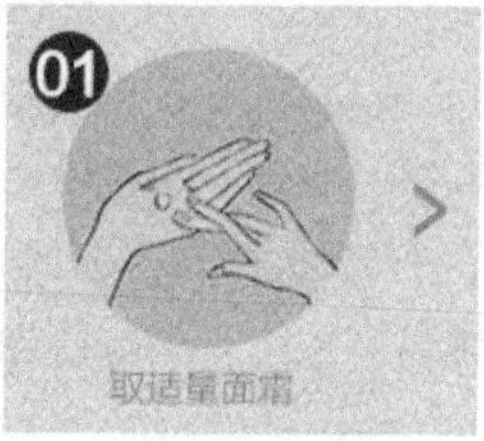

图10-180

图10-181

（8）使用相同的方法置入其他素材并制作如图10-182所示的效果。按Shift+Ctrl+S组合键，弹出"另存为"对话框，命名为"商品使用方法区"，保存为JPEG格式，单击"保存"按钮，弹出"JPEG选项"对话框，单击"确定"按钮，将图像保存。

图10-182

8.　制作商品实拍图区

（1）接下来制作化妆品详情页中的"商品实拍图区"。按Ctrl+N组合键，新建一个文件，宽度为760像素，高度为950像素，分辨率为72像素/英寸，颜色模式为RGB，背景内容为白色，单击"确定"按钮。复制"产品海报"区域的标题，调整其大小，并修改标题文字，如图10-183所示。

图10-183

（2）选择"矩形"工具 □，在属性栏中将"填充"颜色设为白色，"描边"颜色设为无，在图像窗口中绘制一个矩形，如图10-184所示。在"图层"控制面板中生成新的形状图层"矩形1"。

图10-184

（3）单击"图层"控制面板下方的"添加图层样式"按钮 fx，在弹出的菜单中选择"描边"命令，弹出对话框，将描边颜色设为灰色（其R、G、B的值分别为201、201、201），其他选项的设置如图10-185所示。选择"投影"命令，切换到相应的对话框，设置如图10-186所示，单击"确定"按钮，效果如图10-187所示。

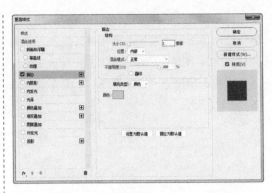

图10-185

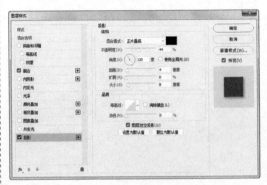

图10-186

图10-187

（4）按Ctrl+O组合键，打开学习资源中的"Ch10 > 素材 > 化妆品详情页 > 03"文件，选择"移动"工具 ⊕，将图片拖曳到图像窗口中适当的位置，效果如图10-188所示。在"图层"控制面板中生成新图层并将其命名为"化妆品1"。使用相同的方法置入其他素材并制作如图10-189所示的效果。

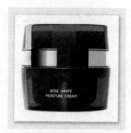

ROSE WHITE
MOISTURE CREAM

图10-188

产品实拍

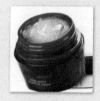

图10-189

（5）将前景色设为灰色（其R、G、B的值分别为71、71、71）。选择“横排文字”工具 T，在适当的位置分别输入需要的文字并选取文字，在属性栏中分别选择合适的字体并设置大小，效果如图10-190所示。在“图层”控制面板中分别生成新的文字图层。选取需要的文字，在属性栏中将“文本颜色”设为红色（其R、G、B的值分别为130、0、0），填充文字，效果如图10-191所示。

（6）按Shift+Ctrl+S组合键，弹出“另存为”对话框，命名为“商品实拍图区”，保存为JPEG格式，单击“保存”按钮，弹出“JPEG选项”对话框，单击“确定”按钮，将图像保存。最后将各区域的图片导入详情页的模版中。

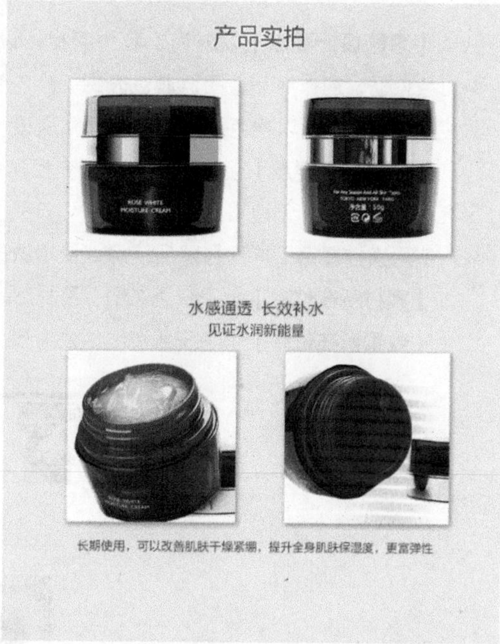

产品实拍
水感通透 长效补水
见证水润新能量
长期使用，可以改善肌肤干燥紧绷，提升全身肌肤保湿度，更富弹性

图10-190

产品实拍
水感通透 长效补水
见证水润新能量
长期使用，可以改善肌肤干燥紧绷，提升全身肌肤保湿度，更富弹性

图10-191

【**习题设计要点**】以时尚女包为素材，设计一个网店的详情页。要求以素材照片的颜色作为配色依据，制作商品主图、颜色介绍、广告海报、宝贝详情、基本信息、大小对比、商品实拍图、细节图，画面以粉色系为主色调，营造出雅致浪漫的气息，效果如图10-192所示。

【**习题知识要点**】使用移动工具、变换命令、图层蒙版和画笔工具制作海报底图，使用矩形工具、椭圆工具和创建剪贴蒙版命令制作产品图片，使用绘图工具和画笔工具绘制分割图形和虚线，使用横排文字工具添加网店信息，使用图层样式添加投影。

【**素材所在位置**】学习资源/Ch10/素材/课后习题/01～10。

【**效果所在位置**】学习资源/Ch10/效果/课后习题.psd。

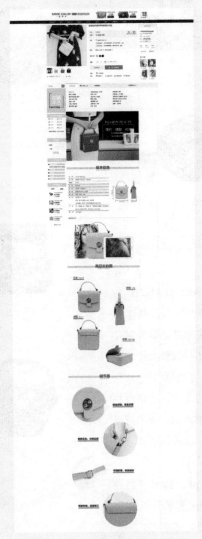

图10-192